青少年科普故事系列

趣味化学科学故事

周爱农 主编

西北工業大學出版社

图书在版编目(CIP)数据

趣味化学科学故事/周爱农主编．—西安：西北工业大学出版社，2013.3(2015.5 重印)

(青少年科普故事系列)

ISBN 978-7-5612-3654-3

Ⅰ．①趣… Ⅱ．①周… Ⅲ．①化学—青年读物 ②化学—少年读物 Ⅳ．①O6－49

中国版本图书馆 CIP 数据核字(2013)第 062154 号

青少年科普故事系列·趣味化学科学故事　　周爱农　主编

出版发行：西北工业大学出版社
通信地址：西安市友谊西路 127 号　　邮编：710072
电　　话：(029)88493844　88491757
网　　址：www.nwpup.com
印　　刷：陕西宝石兰印务有限责任公司
开　　本：710mm×1 000mm　　1/16
印　　张：10
字　　数：141 千字
版　　次：2013 年 10 月第 1 版　　2015 年 5 月第 2 次印刷
定　　价：20.00 元

前　言

自然界是多姿多彩、无限多样的。对很多人而言，自然界中的化学知识就像一团迷雾，充满魔幻与神秘、激情与梦想、复杂与变化。

化学实际上是物理学和生物学的交叉学科，它研究的是物质的构成单位——分子的世界。这是个中间的世界，既不是无限大，也不是无限小。这个世界不仅很复杂，而且充满变幻。本书通过讲述一个个有趣的化学故事，为你揭开这个奇妙的世界。这些故事具有语言通俗、篇幅简短、内容生动有趣、情节引人入胜、编排独到新颖的特点，每个故事都引人深思、发人深省。它可以成为青少年朋友的好伙伴，让你了解更多的化学知识，拓宽思路、丰富头脑；它还是家长的得力助手，帮助家长培养孩子对科学的兴趣，解答疑难问题。

希望本书能为你打开化学宝库的大门，带你走进化学世界的殿堂，遨游在化学的天地之中。

由于水平有限，书中难免存在不足之处，敬请读者批评指正。

编　者

2013 年 1 月

目　录

重大科学发明和发现

化学家的故事

化学猜想

重大科学发明和发现

揭示原子的奥秘

我们知道，物质最核心的部分是原子，它就像我们的大脑一样。发现它奥秘的是新西兰著名的化学家卢瑟福。

卢瑟福在19世纪70年代生于新西兰纳尔逊附近的泉林村。父亲是农民和工匠，母亲是乡村教师。他在小学时就对科学实验产生了兴趣。卢瑟福兄弟姐妹一共12人，他排行老四。

自然是美丽的，农村的生活是艰苦的。12个兄弟姐妹的生计全靠父母的劳作。卢瑟福的兄弟姐妹从小就知道生活的艰难，无需什么人教育，他们都知道要想生活得好一点就得自己动手、动脑去创造，需要踏踏实实地做事。卢瑟福在这种家庭中成长起来，养成了相互协作、尊重别人的良好品质。卢瑟福成名之后，他的这种品质仍然保留着。他被科学界誉为“从来没有树立过一个敌人，也从来没有失去过一个朋友”的人。

心灵手巧的父亲，乐观向上、勤劳朴实的母亲都是卢瑟福的榜样。他也喜欢动手动脑，显示出他非同寻常的创造天赋。卢瑟福的父亲是一个聪明又肯动脑子的人，他勤奋又有创造性。当开办亚麻厂时，他试验用几种不同的方法浸渍亚麻，同时利用水力驱动机器，选用本地的优良品种，结果他的产品被认为是新西兰最好的。他还设计过一些装置能提高工作效率。他的这些行为深深影响了卢瑟福，使幼小的卢瑟福开始了自己的发明创造。

家里有一个用了多年的钟，经常停下来，很耽误事，大家都认为无法修理了。但是卢瑟福却不肯轻易把它丢掉，他把旧钟拆开，把每一个零件重新调整到位，清理钟内多年的油泥，重新装好。结果，钟不仅修好了，而且还走得很准。当时照相机还是比较贵重的商品，卢瑟福竟然自己动手制作起来。他买来几个透镜，七拼八凑居然制成了一台照相机。他自己拍摄自己冲洗，成了一个小摄影迷。

卢瑟福这种自己动手制作、修理的本领，对他后来的科学研究工作极为有用。

有一次，卢瑟福应邀到英国学术协会作报告，正当他以实验来证明自己的说法时，仪器突然出了故障。卢瑟福不慌不忙地抬起头来，对观众说："出了一点小毛病，请大家休息5分钟，散散步或抽支香烟，你们回来时仪器就可以恢复正常了。"果然几分钟后又能看他的实验了。

没有多年培养起来的动手能力和经验是很难有这样的自信心的。当时在场的一位一流物理学家对此颇有感慨："这位年轻人（指卢瑟福）的前程将是无比远大的。"

幼年的卢瑟福与他的兄弟姐妹没有什么太明显的区别。如果说有什么不同之处，那就是喜欢思考、喜欢读书。在卢瑟福一生中曾起过重要作用的一本书，便是他10岁的时候从他母亲那儿得到的、由曼彻斯特大学教授巴尔佛·司徒华写的教科书《物理学入门》，这本书开始把他引上科学研究的道路。这本书不单单给读者提供一些知识，为了训练智力，书中还描述了一系列简单的实验过程。卢瑟福为书中的内容所吸引并从中悟出了一个道理，即从简单的实验中探索出重要的自然规律，这对卢瑟福一生的研究工作产生了重大的影响。

19世纪90年代中期，卢瑟福接受卡文迪许实验室主任汤姆生的建议，把研究方向转到放射性上。卢瑟福用强磁场作用于镭发出的射线，从中他发现，镭射线可以被分成3个组成部分，一种是易被吸收、偏转幅度大的带负电的部分射线，他称之为α射线；另一种是穿透性强、偏转幅度小的带正电的部分射线，他称之为β射线；同时他还根据实验预言，可能存在一种穿透能力更强、在磁场中不偏转的射线，这就是后来发现的并由他命名的γ射线。后来，他与来自英国的青年化学家索迪合作，于20世纪初首先发现了放射性元素的半衰期，提出放射性是元素自发衰变现象，放射性和光谱实验表明，原子有一个很复杂的结构。接着，他和索迪根据α射线和β射线在电场和磁场中的偏转度，辨别出它们分别由带正、负电的粒子构成，指出放射性元素的原子衰变时释放荷电粒子而变成性质不同的新元素，列出了早期的镭、钍、铀的衰变图谱，确认α射线的能量占放射性元素辐射能量的99%以上，为他们后来以α射线作为研究原子结构的炮弹提供了根据。两年后他使用放射性元素的含量及其半衰期，计算出太阳的寿命约为50亿年，开创了用放射性元素半衰期计算矿石、古物和天体年纪的先河。

卢瑟福在放射性研究上取得的一系列重大成果，使他扬名于世。他谢绝了一些著名大学的高薪聘请，而出任英国曼彻斯特大学的物理学教授，因为该校有设备先进的实验室和优越的科研条件。卢瑟福对α，β，γ射线做了大量的研究。第二年，他测算出β射线的电荷。5年后，他提出α粒子的带电量为2e，相对原子质量为3.84，认为α粒子失去电荷后应变成氦原子。之后，他与人合作，测定γ射线的性质和波长，确认γ射线是一种比X射线频率更高的电磁辐射。

卢瑟福早就有用α射线探索原子结构的想法。他发现α射线的能量比β和γ射线大99倍左右，几年后，他又发现α射线通过云母片时，出现了偏转2°的小角度散射现象。接着，盖革发现α射线的散射角与靶材料的相对原子质量成正比。同年，布拉格写信给卢瑟福，告诉他用α粒子轰击原子时发生α粒子急转弯的现象。这些现象促使他和盖革决定用重金属靶进行散射试验。

卢瑟福向正在试验的马斯登提出“看一看你是否能够得到从金属表面直接反射α粒子的效应”，结果，马斯登发现了等于和大于90度的大角度散射现象。卢瑟福以特有的洞察力和直觉，抓住这个反常现象。卢瑟福受“大宇宙与小宇宙相似”的启发，把太阳系和原子结构进行类比，提出了一个原子模型。他认为，原子像一个小太阳系，每个原子都有一个极小的核，核的直径在 10^{-15} 米到 10^{-14}，这个核几乎集中了原子的全部质量，并带有几个单位正电荷，原子核外有几个电子绕核旋转，所以一般情况下，原子显中性。

卢瑟福发现了原子核以后，进一步用各种金属做“粒子散射实验”，发现不同的金属对粒子的散射能力不同，散射能力越强，证明原子核带的正电荷越多，因而斥力也就越大。

卢瑟福就这样向人们揭示了原子的奥秘，使我们对物质的认识更精确了一步，几乎可以说是打开了物质世界的大门。

点评

千百年以来，人们对物质的组成颇感兴趣，许多的科学家为此投入了大量的时间和精力。卢瑟福对原子奥秘的揭示，为我们打开了物质世界的大门，让我们对世界的了解更加深入了。

意外发现——碳化物的制法

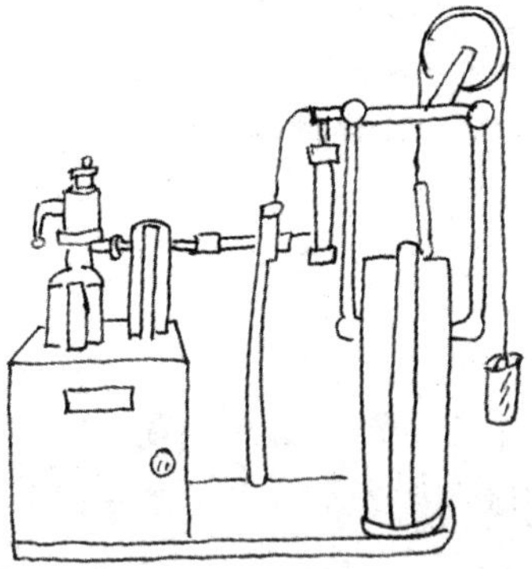

19 世纪 80 年代中期，美国的查尔斯·梅钦·霍尔和法国的鲍尔·路易·艾尔分别独立发现了把冰晶石掺入氧化铝进行熔化电解的方法，从而使铝进入大量生产阶段。在此以前，铝的价格大体上同贵金属相当。为此，世界的发明家都在拼命努力，想找到生产铝的简便方法。

在美国北卡罗来纳州的木炭工厂工作的詹姆斯·穆尔黑德就是其中的一个。自称加拿大的发明家 T. L. 威尔逊对他说，如果像炼铁那样，把木炭掺入氧化铝中加以高温，氧化铝就会还原成金属铝。但是，这需要比炼铁高得多的温度，不能用熔矿炉，而必须用电炉。穆尔黑德听信了这番话，出钱成立了一个公司，由威尔逊指导生产铝。当然，铝并不是用这种方法就能轻易得到的，所以屡遭失败。威尔逊并没有灰心，他又提出了第二个方案：把木炭掺入生石灰（氧化钙）中加以高温，使它还原成金属钙。再把金属钙掺入氧化铝加热，抽去氧使铝分离出来。这个方案的后半部分是合理的，但前半部分同前面提到的方案一样，仍然是不可能实现的。但是，穆尔黑德仍然支持这个新建议。威尔逊在生石灰中掺入作为碳来源的煤焦油，用电炉加高温，得到了结晶状物质，这种物质有金属光泽。看来，如所预料的那样，得到了金属钙。

为了证实到底是不是金属钙，威尔逊便把这种物质投入水中。他想如果是钙，它会使水分解，释放出氢气。结果的确冒出不少气泡。他将火移近，立即燃烧起来。他断定气体是氢气，制造出来的肯定是金属钙。但是，他没有高兴多久，火焰就变黄了，而且开始冒黑烟。如果是氢气，火焰应该是无色的。

仔细分析以后才知道，制造出的物质是碳化物，即碳化钙。抛入水中所生成的气体是乙炔。制造铝的美梦虽然破灭了，但是却掌握了碳化物实用制法。穆尔黑德和威尔逊进一步研究和改进制法，取得了美国的专利权。从那时直到今天，碳化物的制法在本质上没有什么改变。

点评

"有心栽花花不开，无心插柳柳成荫。"因此，青少年一定要擦亮自己的双眼，注意生活和研究中的细微之处。

酸碱指示剂的发现

接触过化学的人都知道，在化学实验中，有一种最常用的化学试剂，它叫作酸碱指示剂，是检验溶液酸碱性的。像科学上的许多发现一样，酸碱指示剂的发现是化学家波义耳善于观察、勤于思考、勇于探索的结果。

一天清晨，英国年轻的科学家波义耳正准备到实验室做实验，一位花木工为他送来一篮非常鲜艳的紫罗兰，喜爱鲜花的波义耳随手取下一枝带进了实验室，把鲜花放在实验桌上便开始了实验。当他从溶液瓶里倾倒出盐酸时，一股刺鼻的气体从瓶口涌出，倒出的淡黄色液体有少许酸沫飞溅到鲜花上，紫罗兰上冒出轻烟，他想：真可惜，盐酸弄到鲜花上了。为洗掉花上的酸沫，他把花放到水里，一会儿发现紫罗兰颜色变红了。波义耳既新奇又兴奋，他认为，可能是盐酸使紫罗兰颜色变红，为进一步验证这一现象，他立即返回住所，把那篮鲜花全部拿到实验室，取了当时已知的几种酸的稀溶液，一个杯子倒进一种酸，再往每个杯子里放进一朵花。波义耳低下头，仔细地观察着。只见，深紫色的花朵逐渐变色了，先是带点儿淡红色，最后完全变成了红色，现象完全相同。由此他推断，不仅盐酸，而且其他各种酸都能使紫罗兰变为红色。他想，以后只要把紫罗兰花瓣放进溶液，看它是不是变红色，就可判别这种溶液是不是酸。后来，他又弄来其他花瓣做试验，并制成花瓣的水或酒精的浸液，用它来检验是不是酸，同时用它来检验一些碱溶液，也发生了一些变色现象。

为了获得丰富、准确的第一手资料，波义耳还采集了药草、牵牛花、苔藓、月季花、树皮和各种植物的根……泡出了多种颜色的不同浸液，有些浸液遇酸变色，有些浸液遇碱变色，最有趣的是用石蕊泡出的溶液。酸和碱本来像水一样，是无色透明的，可是酸滴到石蕊溶液里，就出现红色，而碱则能使石蕊溶液变成蓝色。

后来，波义耳又想出一个更简便的方法，用石蕊浸液把纸浸透，再把纸烘干制成纸片，使用时只要将一小块这种纸片放进被检验的溶液里，根据溶液的颜色变化，就能知道这种溶液是酸性的还是碱性的。波义耳把这种石蕊试纸和与石蕊试纸起同样作用的其他物质称为“指示剂”。

今天，我们使用的石蕊试纸、酚酞试纸、pH 试纸，就是根据波义耳发现的原理研制而成的，它极大地方便了我们的研究工作。

点评

酸碱指示剂的发现为化学研究提供了便利。它可以十分简便地帮助我们分辨出什么是酸、什么是碱，进而判断物质的性质。

元素周期律的揭示

在化学的研究中，最基本的一个概念就是元素，自然界的元素有几百种，它们之间有什么联系，能不能将它们排序列表，使其组织化、系统化呢？为此，人们付出了艰苦的努力，发现了元素周期律。元素周期律的发现史充分展现了人们在追求真理时孜孜不倦的探索精神和坚韧不拔的毅力。

19 世纪上半叶，武拉斯顿制得了铑和钯；贝采里乌斯发现了铈、硒和钍；库特瓦制得了单质碘；斯特罗迈耶制得了金属镉；维勒制得了纯净的金属铝。戴维用电解法和热还原法制得了钾、钠、镁、钙、锶、钡、硼和硅，并证明了元素氯的存在，而溴是用氯气氧化制得的。由于化学分析方法的丰富，人们还发现了钽、锇、铱、锂、钒、镧、铌、钌、铽、铒。在 1860—1863 年的 4 年间人们发现了铯、铷、铊、铟 4 种元素，掀起了元素发现的又一个高潮。到 19 世纪末，人们共发现了 63 种元素。

但是这些元素却是繁杂纷乱的，人们很难从中获得清晰的认识。整理这些资料，概括这些感性知识，从中摸索总结出规律，成为当时化学家面前一个亟待解决的课题。

早在 19 世纪 20 年代末，德国化学家德贝莱纳就提出了“三元素组”观点。他把当时已知的 54 种元素中的 15 种，分成 5 组，指出每组的 3 种元素性质相似，而且中间元素的相对原子质量等于较轻和较重的两个元素相对原子质量之和的一半。例如钙、锶、钡，性质相似，锶的相对原子质量大约是钙和钡的相对原子质量之和的一半。氯、溴、碘以及锂、钠、钾等元素也有类似的关系。然而这样的关系即使是当时的54种元素也不能普遍适用，所以没有引起化学家的重视。

19世纪60年代初，法国矿物学家尚古多提出一个“螺旋图”的分类方法。他将已知的62种元素按相对原子质量的大小顺序标记在绕着圆柱体上升的螺旋线上，这样某些性质相近的元素恰好出现在同一母线上，因此他第一个指出了元素性质的周期性变化。但是他没有区分主族和副族，一些性质迥异的元素，如硫和钛、钾和锰都跑到同一条母线上了。

19世纪60年代中期，英国工业化学家纽兰兹提出了“八音律”。他把当时已知的元素按相对原子质量递增顺序排列成表。纽兰兹这个表的前两个纵列相应于现代周期表的第二、第三周期，但从第三纵列以后就不令人满意了，有6个位置同时安置了两种元素，还有些顺序考虑到元素的性质而大胆地颠倒了，把事物内在的本质规律掩盖了起来。

从“三元素组”到“八音律”，多位化学家都从不同的角度，逐步深入地探讨了各元素间的某些联系，使人们一步步逼近了科学的真理。接下来，做出最大贡献的是迈耶尔和门捷列夫。

1864年，迈耶尔写成了著名的《近代化学理论》。它的一大贡献是发表了迈耶尔的第一张元素周期表。表中列出了28种元素，它们按相对原子质量递增的顺序排列，周期性地分成6个族，这6族元素相应的化合价是4，3，2，1，1，2。化合价明显地呈现出周期性的变化，同族元素也明显地呈现出相似性。迈耶尔还计算了同族元素的相对原子质量之间的差值，发现第二横排元素的相对原子质量与第三横排相应元素相对原子质量的差值几乎都是16，其他横排之间也有类似的规律。他还指出硅与锡之间有未发现的元素存在，它的相对原子质量可能是73.1。

1868年后，在《近代化学理论》第二版中，迈耶尔发表了他的第二张元素周期表，新增加了24种元素和9个纵行，共计15个纵行，明显地把主族和副族元素分开了，这样就使过渡元素的特性区别于主族而独立地表现出来了，同时也避免了由于副族元素的加入而使同一主族元素的性质迥异。

19世纪70年代，迈耶尔又发表了他的第三张元素周期表，重新把硼和铟列在表中，并把铟的相对原子质量修订为113.4。预留了一些空位给有待发现的元素，但是表中没有氢元素。同时发表的还有著名的《原子体积周期性图解》，图中描绘了固体元素的原子体积随着相对原子质量递增而发生的周期性变化。一些易熔的元素（如 Li，Na，K，Rb，Cs）都位于曲线的峰顶；而难熔的元素（如 C，Al，Co，Pd，Ce）则位于曲线的谷底。迈耶尔吸取前人的研究成果，主要从化合价和物理性质方面入手，独立地发现了元素周期律。

门捷列夫通过自己不懈的努力，于 1869 年编成了他的第一张元素周期表，发表论文《元素性质和相对原子质量的关系》。在论文中，他指出：

（1）按照相对原子质量大小排列起来的元素，在性质上呈现明显的周期性变化。

（2）化学性质相似的元素，或者是相对原子质量相近（如 Pt，Ir，Os），或者是依次递增相同的数量（如 K，Rb，Cs）。

（3）各族元素的原子价（化合价）一致。

（4）分布在自然界的元素都具有数值不大的相对原子质量值，具有这样的相对原子质量值的一切元素都表现出特有的性质，因此可以称它们是典型的元素。

（5）相对原子质量的大小决定元素的特征。

（6）应该预料到许多未知元素将被发现，例如排在铝和硅后面的、性质类似铝和硅的、相对原子质量位于 65～75 之间的两种元素。

（7）当我们知道了某些元素的同类元素的相对原子质量后，有时可借此修正该元素的相对原子质量。

（8）一些类似的元素能根据其相对原子质量的大小被发现出来。

第二年，门捷列夫发表了关于周期律的新论文，果断地修正了前一张元素周期表。例如在前一表中，性质类似的各族是横排，周期是竖排；而在新表中，族是竖排，周期是横排，这样各族元素化学性质的周期性变化就更为清晰。同时他像迈耶尔那样，将那些当时性质尚不够明确的元素集中在表格的右边，形成了各族元素的副族。在前表中为尚未发现的元素留下的 4 个空格，在新表中则变成了 6 个。

19 世纪 70 年代中期，法国化学家布瓦博德朗发现镓，镓有力地证明了门捷列夫元素周期律的科学性。接着，19 世纪 80 年代初，瑞典的尼尔森发现了钪，19 世纪 80 年代中期，德国的文克勒发现了锗。这两种新元素与门捷列夫周期表中预留的类硼、类硅完全吻合，门捷列夫的元素周期律经受了实践的检验。

化学元素周期律是自然界的一条客观规律。它揭示了物质世界的一个秘密，指出了杂乱的元素间存在着相互依存的关系，它们组成了一个完整的体系，有力地促进了现代化学和物理学的发展。从此，新元素的寻找，新物质、新材料的探索有了一条可遵循的规律。

点评

人们研究元素周期律耗费了将近一个世纪的时间，最后由门捷列夫总结出来。这充分展现了人类在追求真理时孜孜不倦的探索精神和坚韧不拔的毅力。

千分位上的发现——氩

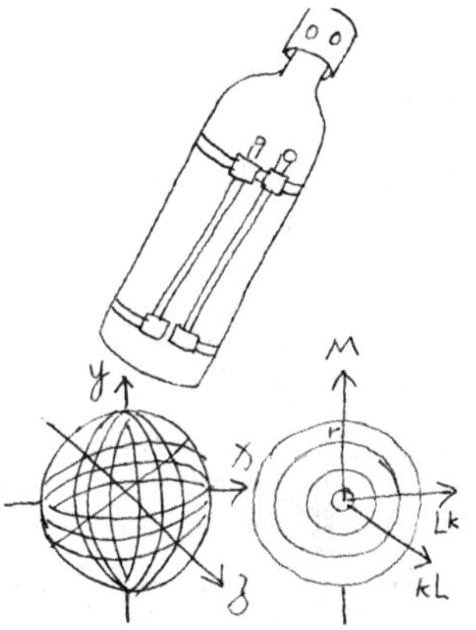

化学试验需要精确的测量，在精确的测量中，往往会有意外的收获。氩的发现就是化学家瑞利进行精确测量的结果。瑞利是注重严格定量研究的化学家之一，他的作风极为严谨，对研究结果要求极为准确，这一点，奠定了他在科学上做出杰出贡献的重要基础。

瑞利有一项重要研究是从空气和氮的化合物中制取纯净的氮。这项工作首先要测定各种气体的密度。瑞利测定了氢气、氧气的密度，然后开始测定氮气的密度：先把磷在空气中燃烧，除掉氧气，然后把所剩的气体通过氢氧化钠溶液和浓硫酸，分别除掉二氧化碳和水蒸气，得到了纯净的氮气。经过测定，得到的结果是每升氮气重 1.257 2 克。为了证实这个实验结果是不是可靠，瑞利用另一种方法获得纯氮：把氨加热分解，从中可以获得纯氮。可是测定密度的结果却是每升重 1.250 8 克，比从空气中得到的氮轻了 0.006 4 克。

0.006 4 克，看起来，这只不过是个微不足道的小数罢了，但瑞利却没有轻易地放过它。瑞利决心重新再做这个实验。他更加谨慎、小心，不放走任何一个小气泡，但结果仍相差 0.006 4 克。瑞利还不放心，又做了第三次，结果得到的氮气还是比空气中得到的要轻。瑞利又试着从笑气、尿素等含氮化合物中制得氮气，结果表明：从这些含氮化合物里所得到的氮气的密度，和从空气里得到的一样。

接着他用电火花通过两种不同的氮气，又把它们分别封闭起来，静置了 8 个月。结果还是没能够改变它们之间的密度差异。这究竟是怎么回事呢？

瑞利认为，之所以由空气制得的氮气密度大一些，可能有 4 种解释：

（1）由大气所得的氮气，可能还含有少量的氧气。

（2）由氨制得的氮气，可能混杂了微量的氢气。

（3）由大气制得的氮气，或许有类似臭氧 O_3 的 N_3 分子存在。

(4) 由氨制得的氮气，可能有若干分子已经分解，游离的 N 原子把氮气的密度降低了。

第一个假设是不可能的，因为氧气和氮气的密度相差不大，必须混有大量的氧，才有可能出现 5/1000 的差异。与此同时，瑞利又用实验证明：他由氨制得的氮气，其中不含氢气。第三个解释也不足置信，因为他采用无声放电使可能混杂 N_3 的氮气发生变化，并没发现氮气的密度有所变化，即不存在 N_3。第四种假设经过 8 个月的实验也排除了。瑞利对此感到困惑不解。

瑞利是个物理学家，对化学不很在行，他决定给当时的英国自然科学杂志《自然》写一封公开信，向化学家求救。瑞利很快就收到许多化学家的来信。他们提出了两种看法：一种是认为氮气本身便存在两种同素异性体——重氮和轻氮。另一种看法是拉姆赛提出的，他认为空气中含有一种未知的较重的气体，这种气体夹杂在氮气中，使它的密度变大了。

这两种不同的意见使瑞利十分为难：相信第一种意见吧，但这种意见没有根据。如果相信拉赛姆的意见，则等于是说，许多化学家对空气所做的上千次的分析都是不够全面的。

这时有人向瑞利提起了 100 多年前卡文迪许所做的实验——放电使氧气与氮气化合。卡文迪许，英国的贵族科学家，以科学实验为乐，死后留下了大量的实验记录和大笔的财产。他的亲属于 19 世纪 70 年代初捐款给剑桥大学建立了著名的卡文迪许实验室。瑞利找到了当年卡文迪许的实验记录。

卡文迪许将电火花引入空气时产生了红棕色硝酸气。为了深入研究，他用两只酒杯装满水银，又把 U 型管倒立在两个酒杯上，使水银密封 U 型管内的空气。在这之前他在水银面上放少量苛性钾，以吸收硝酸气。然后通过水银插入导线，在 U 型管内放电，使气体不断减少。

当管内的氧气消耗殆尽时，再通入一些氧气，继续放电。如此反复，卡文迪许率领着他的仆人们，利用摩擦起电，一直摇了三个星期的起电盘。最后管内残留少量不再反应的气体时，卡文迪许用他的“硫肝液”吸收掉剩余的氧气，结果发现还有一个小气泡，说不清是什么气体。他在实验记录中写道：“在 U 型管里剩下的小气泡是由于某种原因而不与脱燃素气（氧气）化合的浊气，但它又不像普通的浊气（氮气），因为什么电火花都不能使它与脱燃素气（氧气）化合。空气中的浊气（氮气）不是单一的物质，还有一种不与脱燃素气（氧气）化合的浊气，其总量不超过全部空气的1/120。”

瑞利决定重做试验，研究这个现象。在19世纪90年代的一个夏天，瑞利终于从空气中收集到0.5毫升比氮气重的未知气体。和瑞利同时，拉姆塞在自己的实验室里，也积极地进行从空气中提取未知气体的研究，他把用氢氧化钠和浓硫酸除去二氧化碳和水蒸气后的空气，通过装有炽热金属镁粉末的管子，除去了氧气和氮气，结果也得到了比氮气重的未知气体。于是，拉姆塞决定和瑞利一起进行研究。拉姆塞用炽热的镁来吸收氮气，也制得一种气体。他将这种气体充入气体放电管中，发现了原来未曾见过的红色和绿色等各种谱线。经光谱学家分析，剩余气体的谱线多达200条。通过光谱分析可以判断这是一种新的气体元素，两人都制得了这种特殊的气体。

在这之后，他们又想：氩会不会是放电或氮气与镁剧烈反应的产物呢？为了排除这种可能性，瑞利和拉姆塞又做了大量的物理实验，希望结果不受化学反应的影响。他们采用了气体扩散速度比的实验法，即将空气通过多孔性的长管，分子质量较小的氮气和氧气就会较多地通过管壁扩散到管外去，最后排出的气体就会含有较重的气体，其密度也会随之增加。管道越长分离得越彻底。这样，他们用物理方法也得到了氩。

当英国科学团体在牛津开会时，瑞利和拉姆塞向大会宣布：我们发现了一种新的元素，它四面八方围绕着我们，我们平时呼吸的空气里就有它，它同氧、氮都是大气的组成部分。这种新气体的脾气非常古怪——懒惰而孤独，几乎不和任何元素相化合。

这样，瑞利和哈姆塞把这种新气体命名为“Argon”即氩，符号为Ar，意为“不活泼”“懒惰”“迟钝”。氩在空气中含量并不算太少，按体积计算占0.93%。瑞利和拉姆塞的发现，在当时的科学界引起了轰动。

点评

因为氩的发现源于极其精密的数值，所以，人们把氩的发现称为“第三位小数的胜利”，它深刻地说明了做任何事都必须认真、细致，粗枝大叶、马马虎虎是不可取的。

防贼的意外发现

波尔多液是一种有名的化学杀菌剂，广泛应用于防治马铃薯晚疫病、梨的黑星病、苹果的褐斑病等诸多植物病害。波尔多液是一位法国葡萄园主为了防贼而意外发现的，后被法国波尔多大学植物学教授米亚卢德进行了详细的研究。

法国是葡萄酒的故乡，著名的美酒几乎都由法国出产。由于葡萄酒业的繁荣，在法国，有些农民世代以种植葡萄为生，他们过着温馨恬静的田园生活。

法国的波尔多是一个盛产葡萄的好地方，每当葡萄成熟的时候，空气中飘溢着醉人的香味，令人垂涎欲滴。那儿人们的生活也因为葡萄的连年丰收而显得富裕舒适。

19 世纪 70 年代末，葡萄园中出现了一种由霉菌引起的葡萄病害，人们称之为“葡萄露菌病”。这种病使葡萄叶子上长满了多角形的黄褐色病斑，叶子背面是一片白色的霉霜。染上病后，好端端的葡萄藤会日渐衰竭、枯萎。严重的地方，甚至颗粒无收。虽然采用了以前常用的除虫菊、烟草和硫黄的混合剂进行喷洒，但对这种病害却无济于事。

就在这时候，靠近大路的一个葡萄园却奇迹般地喜获丰收。

好奇的人们满怀希望地聚集到这家葡萄园中，向主人请教防治病害的绝招。可是，连这位种植园主本人也对今年意外的丰收感到吃惊，满头雾水的他根本无法向别人传授什么经验。

有一天，法国波尔多大学植物学教授米亚卢德也听到这个消息，凭着科学家的职业敏感，他隐约感到这里面大有文章。于是，他来到了那家丰收的葡萄园。园主热情地接待了他，但对自家的葡萄园为什么没有遭受病害，还是什么也说不上来。

米亚卢德心想：这里果园彼此相连却单单这块葡萄园平安无事，奇迹必然出在这小小的范围之内。于是，他开始在园中仔细观察土壤、水源、环境等等，但丝毫也没有发现可疑之处，这儿的一切都和别处相同。

“请问你是怎样浇水、剪枝、施肥、下药的？”米亚卢德向种植园主请教。

“和别的园主们一样，都是按祖传的老规矩进行。”园主答道。

“有没有使用过什么新办法？尤其是以前从没有人尝试过的办法。”

“噢，对了。今年我怕葡萄丢失，在葡萄上喷过硫酸铜溶液和石灰水的混合剂，可那是防贼用的。”

原来，这家种植园地处交通要道边上，往来的行人众多，每年的葡萄成熟季节，就有人顺手牵羊，趁主人不在时偷摘葡萄解馋。为此，园主没少费脑筋。

以往管理葡萄园时，园主都要用石灰水粉刷葡萄架，并用硫酸铜溶液进行喷洒以防害虫。偶然中他发现蓝色的硫酸铜溶液和白色的石灰水，都散发出一种难闻的气味。于是，他突发奇想：将这些既有颜色又有臭味的溶液喷到葡萄上，人们觉得又脏又难闻，大概不会再偷摘吃了吧。

马上动手，这位园主将两种溶液混合在一起，用喷雾器喷洒到葡萄上。这样葡萄粒都变得不蓝不白、既脏又臭，行人不再偷摘解馋了。

听完种植园主防贼的高招，米亚卢德马上想到：硫酸铜是农药，有杀虫作用。石灰水呢？难道两者混合起来能防止病害？

米亚卢德似乎受到某种启示，他马上回到实验室，根据园主提供的线索，顺藤摸瓜，继续研究下去。

他按照不同的比例将石灰水和硫酸铜混合，并不断地进行实验和观察，最后选定了防治病害的最佳方案，即由硫酸铜、生石灰和水按比例1∶1∶100制成的溶液，几乎对所有植物病菌均有杀菌作用。

为了慎重起见米亚卢德又将药物拿到葡萄园中进行防治试验，并努力找到这种药物防止露菌病的原因。原来，在这种药物中，硫酸铜溶解后会产生铜离子，这种铜离子能够妨碍露菌病霉菌孢子的发育，从而抑制了霉菌的繁殖，有效地控制了露菌病的蔓延。

为了纪念波尔多市的那家种植园，感谢它所给予的启示，米亚卢德用城市的名字将这种药物命名为“波尔多液”。

从此，农药家族中多了一位新成员。时至今日，波尔多液仍被人们广泛应用于防治马铃薯的晚疫病、梨的黑星病、苹果的褐斑病等诸多植物病害。

点评

化学上的成功发明应用到生产生活中，会产生极大的经济效益，波尔多液的发明和应用就是如此。它能消灭诸多植物病害，使植物健康生长，从而造福人类。

异想天开的发现——磷

磷是众所周知的化学元素，它原文的意思叫做“冷光”。民间传说中的“鬼火”，就是一种磷的氢化物产生的自燃现象。人及动物的尸体腐烂分解而形成磷的氢化物。它是一种气体，当遇到空气时，就会自动地燃烧起来。我国古代又把鬼火叫成燐火，因此我国就把叫做“冷”光的物质叫做“燐”。由于磷是非金属元素，常温下单质为固态，于是又把原来的“火”字旁改为“石”字旁，写成“磷”。这也是用汉字对化学物质命名的一大特色。

令人感到有趣的是，最早发现的磷是从尿液中提炼出来的。在那时，谁也不知道人和动物的尿液里到底含有什么东西，而当时有一个想发财的商人，千方百计地寻找生财之道，偶尔听人说，从人的尿液里可以制造出黄金或是能够点石成金的宝贝。于是他就偷偷地收集了大量的尿液，一点一点地慢慢蒸干后，又胡乱地加上各种各样的东西，今天用煮的办法，明天又用烧烤的办法，一次一次地干下去，终于有一次，他发现了一种在黑夜中能发出荧光的物质。这就是他初次得到的磷，一小块白色柔软的白磷（磷的一种单质）。这是 17 世纪 60 年代末的事，这个人的名字叫波兰特，是德国汉堡人。

尿液的成分，除了绝大部分水之外，主要是尿素。此外还有一些新陈代谢的废物，其中含有极少量的硫、磷等元素，而且是以极其复杂的有机化合物的形式存在的，只有在经过长时间的发酵蒸发后，才能变成磷酸盐。磷原来以多种形式的化合状态，遍布于人及动物体内，主要有各种酶促使磷与营养成分发生同化作用，为生理需要提供活力机制，含磷的有机化合物也存在于骨骼和牙齿中。平常，我们所吃的食物里，都普遍含有磷。但是由于饮食情况的不同，排泄物中所含磷的量也有所不同。磷可以形成各种各样的化合物，要用磷的化合物来制取单质，都需要经过复杂的化学反应。工业生产上，经常是用磷矿石为原料，加上石英和焦炭，再经过1 500℃的高温，而产生的磷蒸气，在隔绝空气的状态下，冷凝到凉水中，成为固体的白磷。

真是无巧不成书，波兰特经过几十次的改变配方，更换方法，他居然在一次将尿渣、沙子和木炭放在米中加热时，从用水冷却产生的蒸汽而得到单质磷。这种十分巧合的事，实在是很少有的。当制出奇怪发光的宝物时，波兰特惊喜若狂，他想如果要发财，制法就要十分保密。他得到磷的消息在外界传开以后，人们只知道他是用尿做实验，于是便有很多人也想碰运气地做了起来。德国人孔柯尔居然在17世纪80年代后期，也从尿渣中制出了磷，其做法跟波兰特的方法如出一辙。17世纪80年代初英国的化学家波义耳和他的助手德国人亨克维茨，独立地从尿中制出了磷，并对制法加以改进，大量生产使其成为商品。18世纪70年代中期瑞典化学家舍勒，又从骨头中制出了磷。磷从此有了正式的名称，叫“发光体”。

白磷被发现以后，又大量投入生产并成为商品出售，它到底有什么用途呢？它在最早时期，除了供应实验室用及制造磷头火柴之外，几乎没有其他的用途。磷头火柴是当时使用最方便的引火工具。然而白磷有剧毒，又极易着火，很快就被安全火柴所代替。我们现在所用的安全火柴也要用磷，那就是涂在火柴盒两侧酱紫色的东西，它的主要成分是红磷。红磷跟白磷互为同素异形体，但红磷的着火点比白磷要高得多，而且毒性也极小。现在生产的白磷主要用于合成含磷的农药，这类农药有极强的毒性，使用时要特别小心。

磷就是这样被发现和推广应用的。

点评

磷是一种化学性质很特别的元素，它是动、植物体内必需的营养元素，缺少它，植物的果实便不能丰硕饱满，人的骨质特别是神经的发育就会受到影响。因此人在青少年发育时期，就应多吃含磷较多的食物。

溶液导电性的揭示

我们知道，液体溶液具有导电性，解开这个秘密的是瑞典化学家阿累尼乌斯，由此他创立了化学上的电离理论。

阿累尼乌斯生于瑞典，父亲是乌普萨拉大学的总务主任。阿累尼乌斯 3 岁就开始识字，并学会了算术。父母并没有专门教他学什么，他是看哥哥写作业逐渐学会了识字和计算。他的启蒙教育可以算得上无师自通了。6 岁时他就能够帮助父亲进行复杂的计算。

阿累尼乌斯聪明、好学、精力旺盛，但有时候也惹是生非。在教会学校上小学时，就常惹老师生气。有一次他给同学们讲故事，竟过了上课时间，老师想要处罚他，却又被他逃了过去。

进入中学后，阿累尼乌斯各门功课都名列前茅，特别喜欢物理和化学。聪明的人总喜欢多想一些为什么，遇到疑难问题他从不放过，经常与同学们争论一番，有时候也和老师辩个高低。中学毕业，他以优异的成绩考入乌普萨拉大学。他选择了物理专业但仍然保持了对化学的兴趣。接着，他比通常期限提前半年通过了候补博士学位的考试，被校方认为是奇才。阿累尼乌斯选择有关电解质方面的课题作为学位论文，而乌普萨拉大学在这方面条件不足，于是他决定拜斯德哥尔摩大学的埃德隆教授为师。当时埃德隆教授正在研究和测量溶液的导电性质。埃德隆教授非常欢迎阿累尼乌斯的到来，在教授的指导下，阿累尼乌斯研究浓度很稀的电解质溶液的电导。

从 19 世纪 80 年代初开始，阿累尼乌斯对溶液的导电性进行了一系列的测量，直到次年才结束。他花了几个月时间对实验结果进行整理、概括、计算。同时，他还查阅了学术刊物中与这个问题有关的论文，对有关数据都做了比较，探索各种物质意想不到的现象和解释。在实验中，最使他惊奇的是，很稀的溶液通电后的反应与浓溶液相比，规律要简单得多。以前的化学家也发现了在浓溶液中加入水之后，电流就比较容易通过，甚至已经发现加水的多少与电流的增加有一定的关系。然而他们却很少去想一想，电流和溶液浓度之间的关系。

通过试验和计算，阿累尼乌斯发现，电解质溶液的浓度对导电性有明显的影响。“浓溶液和稀溶液之间的差别是什么？”阿累尼乌斯反复思考着这个很简单的问题。“浓溶液加了水就变成稀溶液了，可见水在这里起了很大的作用。”阿累尼乌斯静静地躺在床上，顺着这个思路往下想，“纯净的水不导电，纯净的固体食盐也不导电，把食盐溶解到水里，盐水就导电了。水在这里起了什么作用呢？”阿累尼乌斯坐起来，决定把这个问题搞清楚。他想起英国科学家法拉第19世纪30年代中期提出的一个观点：只有在通电的条件下，电解质才会分解为带电的离子。“是不是食盐（化学名称是氯化钠）溶解在水里就电离成为氯离子和钠离子了呢？”这是一个非常大胆的设想。因为法拉第认为：只有电流才能产生离子。可是现在食盐溶解在水里就能产生离子，与法拉第的观点不一样。不要小看法拉第，虽然他已经去世了，但是他在物理上的一些观点在当时还是金科玉律。

另外，还有一个问题要想清楚，氯是一种有毒的黄绿色气体，盐水里有氯，并没有哪个人因为喝了盐水而中毒，看来氯离子和氯原子在性质上是有区别的，因为离子带电，原子不带电。到19世纪80年代初阿累尼乌斯根据实验得出这样的结论：溶液稀释时，导电性增加的原因是水。

阿累尼乌斯的新理论是这样的：要解释电解质水溶液在稀释时导电性的增加，必须假定电解质在溶液中具有两种不同的形态，即非活动性的分子形态和活动性的离子形态。实际上，稀释时电解质的部分分子分解为离子，这是活性的形态；而另一部分则不变，这是非活性的形态。因为当时化学家一般都认为溶液中的离子是通入电流后产生的。

阿累尼乌斯决定对他的想法进行理论上的概括，并准备写成论文发表。他把第一篇题名为《电解质的导电率研究》，第二篇题名为《电解质的化学理论》。这两篇论文经斯德哥尔摩科学院讨论后推荐发表。阿累尼乌斯渴望留在乌普萨拉工作，他把两篇论文的校样作为学位论文向大学提出。学术委员会接受了这两篇论文，并指定在一年后进行答辩。阿累尼乌斯获得委员会的赞许，答辩得很好。但教授克利夫不同意他的理论。他认为：“纯粹是空想，我不能想象，比如，氯化钾怎样会在水中分解为离子。钾在水中单独存在可能吗？任何一个小学生都知道，钾遇水就会产生强烈的反应，同时形成氢氧化钾和氢气。可是氯呢？它的水溶液是淡绿色的，又有剧毒，而氯化钾溶液则是无色的，完全无毒。”

虽然溶液中离子的形成不决定于电流的想法，威廉逊、克劳胥斯等化学家早已提出过，但那仅仅是一种没有经过验证的假设。阿累尼乌斯不但论述得很明确，而且通过实验证明了这个假设的正确性。他甚至还计算出，在氯化氢的溶液中，有 92%的溶质处于活性形态，也就是说大部分溶质分解为离子了。这些结果也为其他科学家所证实。

阿累尼乌斯进一步研究认为，在电解中两极间的电位差只起指导离子运动方向的作用，并没有分解分子；相同当量的离子，不管溶质是什么，都带有同量的电荷，因而在两极沉淀物的当量是相同的，这与法拉第的认识是一致的。这个理论还解释了各种溶液中的反应热。例如稀释的强酸和强碱的中和热，不管它们是什么，都是相同的。这是因为在强酸和强碱之间的反应都是氢离子和氢氧根离子结合成水分子的反应，中和热都是相同的。其他溶液中的反应热都可以从电离理论中得到解释。分析化学反应中的许多现象，如沉淀、水解、缓冲作用、酸和碱的强度以及指示剂的变色等也都可以从电离理论中得到合理的解释。

阿累尼乌斯由于提出了电离学说，于 1903 年荣获了诺贝尔化学奖。阿累尼乌斯的电离理论为物理化学的发展开创了新阶段，同时也促进了整个化学的进步。

甚至当初反对过电离理论的克利夫，也在阿累尼乌斯获得诺贝尔奖后认为：“这一新的理论是在困难中成长起来的。那时化学家不认为它是一种化学理论，物理学家也不认为它是一种物理学理论。但是，这种理论却在化学与物理学之间架起了一座桥梁。”克利夫还认为阿累尼乌斯与贝采里乌斯是瑞典的骄傲。他在纪念贝采里乌斯的讲演会上说：“从贝采里乌斯肩上卸下的斗篷，现在已经由阿累尼乌斯戴上了。”这句话充分指出了阿累尼乌斯理论的重要意义。

点评

阿累尼乌斯是位著名的化学家，他所创立的电离理论为化学的发展开创了一个新的阶段，同时也促进了整个化学的发展和进步。

X 射线的发现

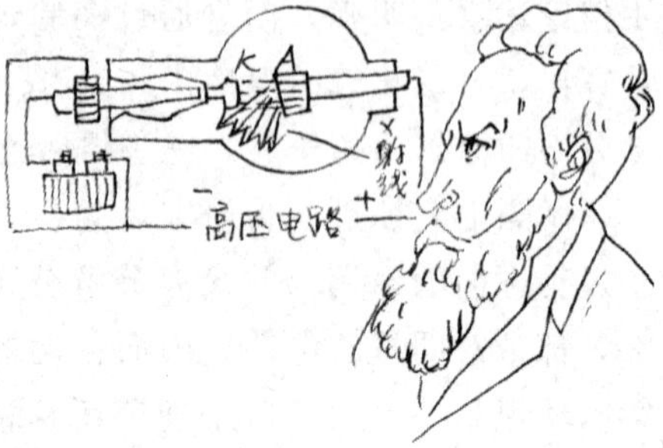

从 19 世纪中叶开始，对气体放电的研究非常盛行。在长玻璃管的两端封入阴、阳两个电极，然后施以高电压，同时用真空把管中的空气抽掉，当空气变得非常稀薄时，管内便闪出淡红色的光，如果进一步把空气抽出，使之几乎变成真空时，淡红色的光消失，而阳极附近的玻璃管壁上则开始闪现出淡绿色的光。

19 世纪 50 年代末，德国的尤利乌斯·普吕克发现，某种射线从阴极射向阳极，碰到玻璃管壁便发出淡绿色的荧光。这种射线被取名为阴极射线。许多人积极地进行研究，但总把握不住它的本质。德国的物理学家一般都把阴极射线看成是同光一样的电磁波。英国的物理学家坚持认为这是粒子流，后来汤姆生证明它确实是粒子流。

19 世纪 90 年代中期，德国的菲利普·赖纳特在玻璃上开一个洞，蒙上铝箔，便发现阴极射线穿透铝箔射向外面。透出的阴极射线碰到涂有铂氰化钡的荧光屏时，就会发出亮光，因此，很容易就知道了它的存在。

第二年，德国的维尔茨堡大学教授威廉·康拉德·伦琴曾采用赖纳特的这种装置研究阴极射线。一天晚上，伦琴为了研究阴极射线的性质，用黑色薄纸板把一个灯管严密地套封起来，并把实验室的百叶窗放下，使室内变得漆黑。在接上高压电流进行实验中，他意外地发现在放电管 1 米以外的一个荧光屏（涂有荧光物质铂氰化钡的纸屏）上却闪着亮光。一切断电源，荧光就立即消失。这个现象使他非常惊奇，于是他全神贯注地重复做实验。他发现即使在离仪器 2 米处，屏上仍有荧光出现。伦琴确信，这个新奇现象不是阴极射线造成的，因为实验已证明阴极射线只能在空气中行进几厘米，而且不能透过玻璃管。他决定继续对这个新发现进行全面检验。一连 6 个星期他都在实验室里废寝忘食地工作着。经过反复实验，他确信发现了一种过去未被人们所认知的具有许多特性的新射线。他在论文中说明了初步发现的X射线的如下性质：

(1) 阴极射线打在固体表面上便会产生X射线；固体元素越重，产生的X射线越强。

(2) X射线是直线传播的，在通过棱镜时不发生反射和折射，不被透镜聚焦。

(3) 与阴极射线不同，不能借助磁体（即使磁场很强）使X射线发生任何偏转。

(4) X射线能使荧光物质发出荧光。

(5) 它能使照相底片感光，而且很敏感。

(6) X射线具有很强的贯穿能力，比阴极射线强得多。它可以穿透千页的书，两三厘米厚的木板，几厘米的硬橡皮等。

15毫米厚的铝板，不太厚的铜板、银板、金板、铂板和铅板的背后，都可以辨别荧光。只有铅等少数物质对它有较强的吸收作用，对1.5毫米厚的铅板它实际上不能透过。一次伦琴检验铅对X射线的吸收能力时，意外地看到了他自己拿铅片的手的骨骼轮廓。证明这种光线能够穿透除骨骼以外的人体，并在底片上感光。于是他请他的夫人把手放在用黑纸包严的照相底片上，用X射线照射，底片显影后，看到伦琴夫人的手骨像，手指上的结婚戒指也非常清晰，这成了一张有历史意义的照片。

因为在数学上，未知数习惯于用X表示，所以，伦琴给这种偶然发现的未知的射线取名为X射线，后来科学界称之为伦琴射线。

1896年元旦，伦琴将他的论文和第一批X射线照片复制件分送给一些著名物理学家。几天之后，这个发现就传遍了全世界，在公众中引起轰动。其传播之迅速，反应之强烈，在科学史上是罕见的。伦琴由于发现X射线，于1901年成为第一个诺贝尔物理学奖获得者。

点评

X射线的发现具有十分重大的意义，它是19世纪末20世纪初发生的物理学革命的开端。它的发现对于化学的发展也有重要意义，以X射线晶体衍射现象为基础建立起来的X射线晶体学，是现代结构化学的基石之一。

阴天里的发现——铀射线

X射线是一种应用很广的特殊射线，许多科学家致力于X射线的研究，法国物理学家安东尼·贝克勒尔就是其中的一个，它在研究X射线的过程中发现了另一射线——铀化合物的射线。

19世纪90年代中期的一天，贝克勒尔挤在人群中，在巴黎参观首次展出的X射线照片展览，他完全被这次展览迷住了。当时，X射线是怎样产生出来的问题，还没有一个明确的结论。有的科学家认为，X射线是产生荧光的玻璃管产生的。贝克勒尔从他父亲那一代起就开始研究荧光，他特别详细地研究了发出荧光的铀化合物。如果玻璃在发出荧光时放出X射线，那么，其他的荧光物质不是也能放出X射线吗？贝克勒尔这样想，并利用手头的铀化合物致力于发现新的X射线源的研究。他在用黑纸严密包好的感光板上，放上一块铀化合物的结晶体，在旁边放上一枚银币，再在银币上放上另一块结晶体。铀化合物一旦见到阳光就会发出荧光。贝克勒尔把这种准备好的感光板放在有太阳的地方，让阳光长时间照射。之后，再将感光板显影。他发现，如他所料，放第一个结晶体的地方明显地感了光，而在放第二个结晶体的地方，清晰地映出了银币的轮廓。的确，铀化合物在放出荧光时也放出了X射线。不用说，贝克勒尔是非常高兴的。

就在这一年的一天，他重复做了同一个实验。但是，那一整天都是阴天。第二天，他又把感光板拿到室外，但仍然是阴沉沉的天。显然，两天里放出的荧光还不及晴天10分钟放出得多。他为了等待晴天的到来，把感光板收进了壁橱。但是，其后又过了两天仍然没出太阳。无奈，他把感光板显了影。他想，铀化合物几乎没有发出荧光，当然，发出的X射线也不会多，因此，在感光板上，根本不会出现图像，即使能映出也很淡。然而，显影后的感光板上，图像清晰可见，图像和银币的影子同上次实验时照得一样清楚，这令贝克勒尔大为吃惊。这次实验的结果证明，铀化合物即使不用太阳照射使它发出荧光，也仍然能放出X射线。为了慎重起见，他和上次一样，准备了放有结晶体和银币的感光板，完全不用阳光照射，把它放入黑黑的壁橱中。过了几天，将感光板显影，仍然出现了清晰的图像和影子。他进一步研究后发现，铀化合物放出的并不是X射线，而完全是另一种射线——铀化合物的射线。

1896年5月18日，贝克勒尔宣布：发射铀射线是铀元素的一种特殊性质，与采用哪一种铀化合物无关。铀及其化合物终年累月地发出铀射线，纯铀所产生的铀射线比硫酸铀酰钾强3～4倍。铀射线是自然产生的，不是任何外界原因造成的。

点评

贝克勒尔发现铀射线的经过告诉青少年，在化学研究的科学道路上，机遇和偶然是两条交叉的线。许多科学的发明发现都是在偶然的条件下取得的。

火炉上的重大发明

“如果你在路上看到头戴胶皮帽，身披胶皮风衣，内着胶皮背心，下穿胶皮裤子，脚蹬胶皮鞋，手拎胶皮钱包（里面没有一文钱）的人，那他一定是古德伊尔。”19 世纪 40 年代前后，美国康涅狄格州新黑文的居民是这样嘲笑古德伊尔的。

确实，查尔斯·古德伊尔对橡胶入迷了。他一生都很贫穷，生活困苦不堪，因为还不起借债而几次坐牢。但他却终生热衷于研究橡胶的制法和改良质量的方法，从未间断过。

橡胶是生长在南美的橡胶树的树液收集起来凝结而成的。刚开始时，橡胶只是用来做橡皮。但是，19 世纪 20 年代初，美国的麦金托什把橡胶涂在布上，做成雨布后，橡胶的水密性和气密性引起了人们的注意。但是，橡胶有很大的缺点，夏天在高温下熔化，黏糊糊的，而冬天却又硬邦邦的。要使橡胶实用化，首先必须克服这种缺点。

古德伊尔从 19 世纪 30 年代左右，便开始研究改良橡胶质量的问题。他想出了一种办法，即把氧化镁掺入橡胶，然后用石灰水煮，使橡胶表面光滑，但这种办法未能实际应用。接着，他发现了用硝酸煮橡胶，可以消除其黏性的方法。他在纽约成立了公司，用这种橡胶制造台布和围裙等，但在之后的金融恐慌中破产了。

19 世纪 30 年代后期，古德伊尔回到他的故乡新黑文，认识了纳撒尼尔·海沃德。海沃德想出了在橡胶表面撒上硫黄粉末，然后拿到太阳底下晒，以改变橡胶质量的方法，并获得了专利。古德伊尔买下了他的专利权，合资生产政府征购的橡胶邮袋，但又失败了。

有一次，他把橡胶、硫黄和松节油精掺在一起用坩埚煮。他手里捏着坩埚耳和朋友谈话，谈着谈着，忘记了手里的坩埚，一打手势，橡胶块从坩埚里飞了出来，落在烧得通红的炉子上。若是普通的橡胶，遇热就会熔化流下来，然而这块橡胶却没有熔化，逐渐烧焦了。古德伊尔的脑海里立刻闪现出一个念头，在橡胶里加进适当的硫黄，用适当的时间进行适当的加热，就一定能得到不发黏的胶皮。他又反复进行实验和研究，终于确立了橡胶加硫的制造法。这奠定了后来整个橡胶工业发展的基础。

点评

在化学研究中，有很多的发现和发明表面上看起来是偶然的，是不劳而获取得的，而实际上这种偶然性的出现是经过不懈的努力，通过千百次的不断试验得到的，这也是勤奋的结果。

睡梦中的重大发现——苯环

化学上有一个奇特的家族——芳香族化合物，在芳香族的有机物中，最主要的化合物便是苯。最早发现苯的人是英国化学家和物理学家法拉第。他偶然从储运煤气的桶里所凝集的油状物中，经过分离后得到了一种无色的液体。他测出它的实验式是CH，但他并没有推出它的分子式。大约9年之后，又有人把安息香酸和石灰放到一起干馏之后，也得到一种碳氢化合物，才给这个化合物取名叫“苯”，接着又有人测定出它的分子式是C_6H_6。而解决苯分子结构问题的是极富想象力的德国化学家凯库勒。

德国的达姆斯塔特是一个以文化而著称的小城。19世纪20年代末，著名化学家凯库勒在此出生。也许是受到小城浓郁的文化气息的熏陶，在学校时小凯库勒出众的文才就令他的老师和同学们叹为观止。

据说有一次，老师在语文课上布置了一道作文题，要求学生们在下课前交卷。全班同学都紧张地在作文纸上埋头写了起来，可凯库勒却若无其事地坐着，甚至抬头悠闲地看着天花板出神。老师见凯库勒不写一字，悠然自得，忍不住用责备的眼光暗示他赶紧动笔。没想到，快下课时，凯库勒居然拿着手中的白纸出口成章地读了起来。这篇即兴之作结构精巧、文采飞扬，博得了老师和同学们一阵热烈的掌声。

不过，凯库勒没有成为作家。他的父亲为他选择了一个似乎更切合实际的方向，去学建筑。因为在他父亲眼里，建筑师既体面又能赚钱，是儿子理想的出路。

于是，凯库勒来到德国西部的吉森大学专攻建筑。就是在这里，凯库勒的人生发生了重大转折。他常听同学们提起大化学家李比希的名字，出于对这位声誉卓著的化学家的尊敬与仰慕，凯库勒决定去听他的课。不料，事情一发不可收拾，凯库勒被李比希的课所吸引，一天比一天强烈地迷恋上化学，以至于他下决心改修化学。

一次法庭作证使凯库勒对李比希教授更加敬重。原来，当时法院开庭审理轰动一时的赫尔利茨伯爵夫人“戒指失窃案”，他们俩同时被传到法庭作证。凯库勒作为证人是因为他家就在伯爵夫人宅邸的对面。他在法庭上描述了伯爵夫人家发生火灾时的情景，而恰好在那天，伯爵夫人的宝石戒指失窃了。后来，在她仆人那儿搜到一枚相同的戒指，可仆人却一口咬定说早在19世纪初这枚戒指就成了他的祖传宝贝。李比希到庭作证，是因为法庭请他对戒指的金属成分进行测定。伯爵夫人的戒指上有两条蛇缠在一起，一条是黄金做的，另一条是白金做的。而仆人却说他的戒指上的白蛇是白银做的。作为化学界权威，李比希在法庭上慎重宣布：“经过测定，白蛇是用白金制成的，而不是白银做的。而且，白金用于首饰业是从19世纪20年代左右才开始的，而仆人却称这只戒指早在19世纪初就在他手中。因此，仆人的谎言不攻自破。”官司因为李比希的证词而得到了合理的判决。教授渊博的学识给凯库勒留下了深刻的印象，使他坚定了献身化学的决心。

从19世纪50年代开始，凯库勒在李比希主持的实验室中工作。在名师的悉心指导下，凯库勒受益匪浅。他不但学到了这位化学大师多样而扎实的研究方法，而且也学到了认真细致、一丝不苟的科学态度。这些为他日后的化学研究打下了坚实的基础。

当时，化学家们面临着一个难题，那就是如何理解苯的结构。苯的分子中含有6个碳原子和6个氢原子，碳的化合价是四价，氢的化合价是一价，那么，1个碳原子就要和4个氢原子化合，6个碳原子该和12个氢原子化合（因为碳原子和碳原子之间还要化合）。而苯怎么会是6个碳原子和6个氢原子化合呢？化学家百思不得其解。

这时，凯库勒也着手探索这一难题。他的脑子里始终充满着苯的6个碳原子和6个氢原子，他经常每天只睡三四个小时，一干起来就不歇手。他在黑板上、地板上、笔记本上、墙壁上画着各种各样的化学结构式，设想过几十种可能的排法，但是，都经不起推敲，被自己否定了。

一天晚上，凯库勒坐马车回家。也许是由于近日来过度用脑，他在摇摇晃晃的马车上睡着了。在半梦半醒之间，凯库勒发现碳原子和氢原子在眼前飞动，变幻着各种各样的式样。忽然，原子变成了他和李比希教授出庭作证时伯爵夫人戒指上的那条白蛇，这条蛇扭动着、摇摆着，最后咬住了自己的尾巴，变成了一个环……

“先生，您到家了！”马车夫大声叫醒了睡梦中的凯库勒。他揉揉眼睛，白蛇不见了，环不见了，原子也不见了。原来是“南柯一梦”！清醒过来的凯库勒马上想起苯的结构，对！它一定像白蛇那样头尾相接，构成环状结构！

凯库勒立即奔向书房，迫不及待地抓起笔在纸上画了起来。一个首尾相接的环状分子结构出现了。

这个环状结构表示的是这个意思：碳原子是四价的，用相连的四个（黑）球来代表一个碳原子；而氢、卤素原子都是一价，就用一个球表示；氧和硫是二价，就用两个（蓝）球表示一个氧原子。碳有四价，像建筑房子一样，下面就得砌上四个一价的氢原子，刚好形成甲烷分子；而水分子是一个氧、两个氢。这就是凯库勒提出的苯的环状结构式。

凯库勒还认为，在有机物中碳原子和碳原子之间可以连接成链。如氯乙烷、乙醛、乙醇等，碳原子的一个球相对，表示碳、碳之间各用去一价（形成单键），还各剩余三价。这些重要的观点标志着近代有机结构理论基础的建立。从此，各种有机物的结构逐渐明朗，它所含的官能团与其性质的关系昭然若揭。这极大地促进了人们在实验室和化工厂大规模地合成有机物。

在纪念苯结构的学说发表 25 周年时，伦敦的化学学会指出：“苯作为一个封闭链式结构的巧妙构想，对于化学理论发展的影响，对于研究这一类及其相似化合物衍生物的异构现象的内在问题所给予的动力，以及对于像煤焦油染料这样巨大规模的工业的前导，都已为举世公认。”

点评

凯库勒的创造性贡献，奠定了他在有机化学结构发展史上的显赫地位，使得人类对有机化学结构的认识产生了一大飞跃。

发现足球烯的故事

1985年英国萨塞克斯大学的波谱学家H. W. Kroto与美国莱斯大学两名教授R. E. Smalley和R. F. Curl合作研究，发现碳元素可以形成由60个或70个碳原子构成的有笼状结构的C_{60}和C_{70}分子，这一发现引起科学界特别是物理学和化学界的强烈反响，成为20世纪后半叶的重大科学发现之一。

Kroto是英国萨塞克斯大学的波谱学家，而Smalley和Curl都是美国莱斯大学的教授。20世纪80年代中期，Kroto在Smalley的两名研究生的帮助下，开始了关于富碳蒸气中碳链形成的可能性的研究。他们在惰性气体环境下，用高功率的激光照射石墨表面，照射释放出来的由碳原子构成的碎片等离子体被氦气流携带通过末端为一喷嘴的杯形集结区，进入一真空室。在杯形集结区内，碎片离子经气相的热碰撞反应成为新的碳原子簇。这些新生成的碳原子簇随氦气进入真空室，并在那里由于气体的膨胀而被迅速冷却下来。随后，所有产物进入一个与上述实验装置相连接的飞行时间质谱仪。在质谱仪上，所形成的含有不同碳原子个数的原子簇及其丰度可以被检测出来。接着，令人意想不到的事情发生了。研究小组在质谱仪上观察到质量较大的碳原子簇所含的碳原子个数均是偶数，其中分子质量数落在720处的质谱峰信号最强，它恰好对应一个由60个碳原子组成的分子，另外一个相当于C_{70}分子的质谱峰清晰地出现在分子质量数840处。通过改变实验条件，他们用Smalley的装置产生的C_{60}是其他任何碳原子簇的40倍。这些实验结果使研究小组确信C_{60}可以非常稳定地存在。

在发现C_{60}和C_{70}之后，确定它们的分子结构就成了当务之急。在热烈的讨论中，Kroto联想起十几年前的加拿大蒙特利尔万国博览会中的美国展览馆，它是由五边形和六边形拼接构成的短程线圆顶建筑。Kroto将这一想法告诉小组其他成员。Smalley 经过尝试，终于用 20 个正六边形和 12 个正五边形拼成一个 60 个顶点的 C_{60} 分子结构模型。C_{60} 分子就以短程线圈顶结构的设计者巴克明斯特·富勒的名字命名，简称富勒烯。C_{60} 分子结构模型的提出使 C_{60} 研究小组把握住了实验中的意外结果，为整个 C_{60} 的发现过程画上了圆满的句号。C_{60} 分子结构形似球，又似是球烯。

为什么科学试验有着很强的目的性和计划性而试验的结果却常常出现意外和偶然？众所周知，科学研究是人类对未知世界和未知规律的探索。虽然每一次科学探索都是基于已经掌握的知识和规律，并且有着既定的目标和周密的研究计划，但是科学研究中主体的认识水平和客体的未知因素决定了实验结果往往会出乎研究者的意料之外。C_{60} 发现的偶然性也正是上述两种因素综合作用的结果。一方面，在 1985 年以前，人类对碳元素单质的认识只停留在金刚石和石墨两种同素异形体上，从这种固有的观念出发，C_{60} 的出现当然是个意外。另一方面，科学研究中客体的未知因素又导致偶然现象可以在自然状态下出现，也可以在人为干预下出现；可以在无意识的干预下出现，也可以在有意识的干预下出现，而 C_{60} 就是在人们无意识的干预下出现的。C_{60} 的发现再次给我们以启示：把握住这一契机，把无意识的干预变为有意识的干预，认识到“干预”的存在，即发现或找到过去的科学经验中未曾施加过的人为或自然因素，很可能导致科学技术的突破。C_{60} 研究小组最初选择了能够产生 C_{60} 和 C_{70} 的实验条件完全是偶然，因为开始时他们的研究兴趣与 C_{60} 和 C_{70} 无关，而且在实验进行之前，他们根本不知道存在 C_{60} 和 C_{70} 分子，因此 C_{60} 的出现完全出乎意料。正是这种必然性决定了在科学研究中必须遵从“相同实验条件下实验现象可重复”的根本原则。

点评

偶然性是事物发展过程中可能出现，也可能不出现，可能这样出现，也可能那样出现的趋势，它是由事物外部的或事物内部次要的、非本质的原因即非根本矛盾引起的。C_{60} 的发现告诉了青少年这样一个哲学道理。

零族元素的发现之旅

周期表中零族元素有氦、氖、氩、氪、氙和氡一共6种，它们都是气体。

6种稀有气体元素是在19世纪90年代中后期陆续发现的。现在我们按元素发现的先后顺序，分别介绍这6种元素的发现经过。

（1）氩（Ar）

早在1785年，英国著名科学家卡文迪许在研究空气组成时，就发现了一个奇怪现象。当时人们已经知道空气中含有氮、氧、二氧化碳等，卡文迪许把空气中的这些成分除尽后，发现还残留少量气体。这个现象当时并没有引起化学家的重视，谁也没有想到，就在这少量气体里竟藏着整整一个族的化学元素。

100多年后，英国物理学家瑞利在研究氮气时发现，从氮的化合物中分离出来的氮气每升重1.250 8克，而从空气中分离出来的氮气在相同情况下每升重1.257 2克，这0.006 4克的微小差别引起了瑞利的注意。他与化学家拉姆塞合作，把空气中的氮气和氧气除去，用光谱分析鉴定剩余气体，终于在1894年发现了氩。由于氩和许多试剂都不发生反应，极不活泼，故命名为Argon。在希腊文中是“懒惰”的意思，中文译为氩，元素符号是Ar。

（2）氦（He）

早在19世纪60年代末，法国天文学家简森在观察日全食时，就曾在太阳光谱中观察到一条黄线D3，这和早已知道的钠光谱的D1和D2两条线不相同。同时，英国天文学家洛克耶尔也观测到这条黄线D3。当时天文学家认为，这条线只有太阳才有，并且还认为是一种金属元素。所以洛克耶尔把这个元素取名为Helium。这个词是由两个字拼起来的，helio在希腊文是太阳神的意思，后缀ium指的金属元素。

19世纪90年代中期，拉姆塞和另一位英国化学家特拉弗斯合作，在用硫酸处理沥青铀矿时，产生一种不活泼的半导体，用光谱鉴定为氦，并证实了氦元素也是一种稀有气体。这种元素在地球上也有，并且是非金属元素。

(3) 氪（Kr）、氖（Ne）、氙（Xe）

由于氦和氩的性质非常相近，而且它们与周期系中已被发现的其他元素在性质上有很大差异，因此拉姆塞根据周期系的规律性，推测氦和氩可能是另一族元素，并且他们之间一定有一个与其性质相似的家族。果然，1898 年的一次试验中，拉姆塞和特拉弗斯在大量液态空气蒸发后的残余物中，用光谱分析首先发现了比氩重的氪，他们把它命名为 Krypton，即“隐藏”之意，因为它是隐藏于空气中多年才被发现的。

拉姆塞和特拉弗斯在蒸发液态氩时收集了最先逸出的气体，用光谱分析发现了比氩轻的氖。他们把它命名为 Neon，这一词源自希腊词 neos，意为“新的”，即从空气中发现的新气体。中文译名为氖，也就是现在霓虹灯里的气体。

不久，拉姆塞和特拉弗斯在分馏液态空气制得了氪和氖后，又把氪反复地分次萃取，从其中又分出一种质量比氪更重的新气体，他们把它命名为 Xenon，源自希腊文 Xenos，意为“陌生的”，即人们生疏的气体，中文译名为氙。它在空气中的含量极少，仅占空气总体积的 8×10^{-8}。

(4) 氡（Rn）

氡是一种具有天然放射性的稀有气体，它是镭、钍和锕等放射性元素蜕变过程中的产物，因此，只有这些元素发现后才有可能发现氡。

1899 年，英国物理学家欧文斯和卢瑟福在研究钍的放射性时发现钍射气，即氡—220。1900 年，德国人道恩在研究镭的放射性时发现镭射气，即氡—219。直到 1908 年，莱姆赛确定镭射气是一种新元素，和已发现的其他稀有气体一样，它是一种化学惰性的稀有气体元素。其他两种气体，是它的同位素。在 1923 年国际化学会议上命名这种新元素为 Radon，中文音译成氡。

至此，氦、氖、氩、氪、氙、氡 6 种稀有气体作为一定族全被发现了。它们占元素周期表零族的位置。这个位置相当特殊，在它前面的是电负性最强的非金属元素，在它后面是电负性最小的最强金属元素，而其本身则是电离最大的一族元素。由于这 6 种气体元素的化学惰性，因此很久以来它们被称为惰性气体元素，直到 Xe 被氧化后，惰性气体也随之改名为稀有气体。

点评

在化学元素周期表中，有一类特殊的气体元素——零族元素，即氦、氖、氩、氪、氙和氡 6 种。这些元素是不同的化学家在不同的时间、地点发现的，是科学家共同努力的结晶。

溴的发现

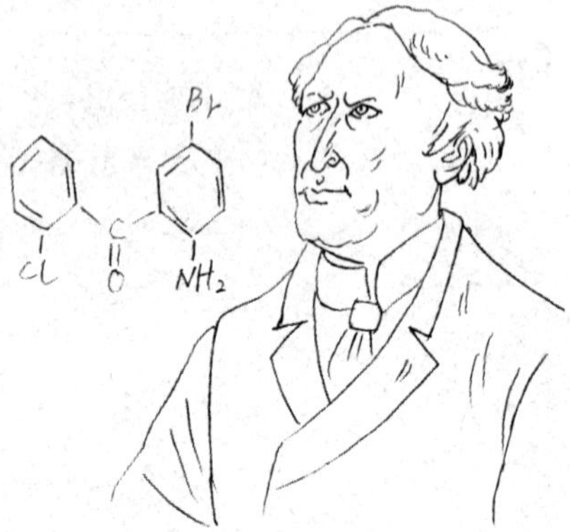

溴首先是由法国化学家巴拉尔发现的。巴拉尔出生在19世纪初的法国蒙彼利埃。他出生于一个普通的家庭，父母整天忙于制酒。巴拉尔的教母发现他很聪明，一心要培养他成才。巴拉尔17岁时毕业于蒙彼利埃中学，接着升入药物学院学习药物学，24岁时获医学博士学位。

22岁的巴拉尔在研究盐湖中植物的时候，将从大西洋和地中海沿岸采集到的黑角菜燃烧成灰，然后用浸泡的方法得到一种灰黑色的浸取液。他往浸取液中加入氯水和淀粉，溶液即分为两层：下层显蓝色，这是由于淀粉与溶液中的碘生成了化合物；上层显棕黄色，这是一种以前没有见过的现象。

这棕黄色的是什么物质呢？巴拉尔认为可能有两种情况：一是氯与溶液中的碘形成了新的化合物——氯化碘；二是氯把溶液中的新元素置换出来了。于是巴拉尔想了些办法，试图把新的化合物分开，但都没有成功。巴拉尔分析这可能不是氯化碘，而是一种与氯、碘相似的新元素。

他用乙醚将棕黄色的物质经萃取和分液提出，再加苛性钾，则棕黄色褪掉，加热蒸干溶液，剩下的物质像氯化钾一样。把剩下的物质与浓硫酸、二氧化锰共热，就会产生红棕色有恶臭的气体，冷凝后变为深红棕色液体。巴拉尔判断这是与氯和碘相似的、在室温下呈液态的一种新元素。

法国科学院审查了巴拉尔的新发现，由3位法国化学家孚克劳、泰纳、盖·吕萨克共同审查。他们签署的意见这样写道：“溴的发现在化学上实为一种重要的收获，它给巴拉尔在科学事业上一个光荣的地位。我们认为这位青年化学家完全值得受到科学院的鼓励。”但他们不赞成巴拉尔对溴的命名，把它改称为bromine，含义是恶臭。

另外在1825年，德国海德堡大学学生罗威，往家乡克罗次纳克的一种盐泉水中通入氯气时，发现溶液变为红棕色。他把这种红棕色物质用乙醚萃取提出，再将乙醚小心蒸发，得到了红棕色的液溴。因此罗威也独立地发现了溴，虽然比巴拉尔晚了一年。

点评

在化学研究中，发现的过程就是和时间赛跑的过程。同样的一个现象，最早发现的那一个人才是人们承认的胜利者。这启示时间就是胜利。

X 射线晶体学的诞生

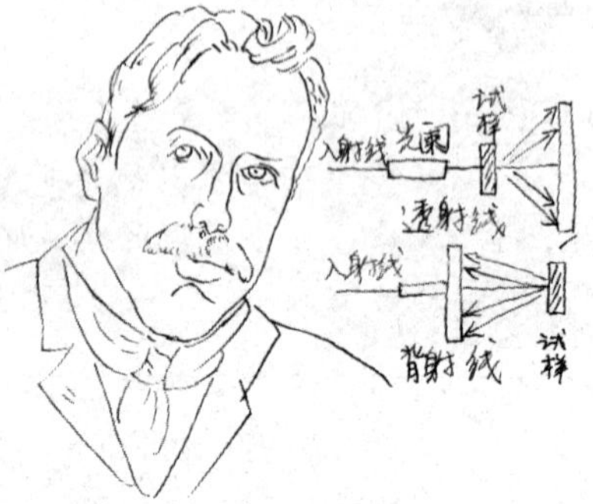

自 1895 年 X 射线发现以来，人们通过实验研究逐步探明了它的很多性质。但在十几年内对于它的本质是什么，是电磁波还是粒子流，物理学家一直争议不休。20 世纪初，劳厄详细研究了光波通过光栅的衍射理论；厄瓦尔则以可见光通过晶体的行为作为他博士论文的研究课题。一天，厄瓦尔把论文拿去向劳厄请教。

这时，准确测定阿伏加德罗常数的问题不久前已经解决。根据已知的相对原子质量、相对分子质量、阿伏加德罗常数和晶体的密度等，可以估计出晶体中一个原子或分子所占空间的体积及粒子间的距离。当劳厄发现 X 射线的波长和晶体中原子间距两者数量级相同之后，他产生了一个非常重要的思想：如果 X 射线确实是一种电磁波，如果晶体确实如几何晶体学所揭示的具有空间点阵结构，那么，正如可见光通过光栅时要发生衍射现象一样，X 射线通过晶体时也将发生衍射现象，晶体可作为射线的天然的立体衍射光栅。于是，弗里德里希和克尼平就以五水合硫酸铜晶体为光栅进行了劳厄推测的衍射实验。经过多次失败，终于得到了第一张 X 射线衍射图，初步证实了劳厄的预见，于 1912 年 5 月 4 日宣布他们实验成功。

接着劳厄等人又以硫化锌、铜、氯化钠、黄铁矿、萤石和氧化亚铜等立方晶体进行实验，都得到了衍射图。于是，晶体 X 射线衍射效应被发现了。这一重大发现一举解决了三大问题，开辟了两个重要研究领域。第一，它证实了 X 射线是一种波长很短的电磁波，可以利用晶体来研究 X 射线的性质，从而建立了 X 射线光谱学；并且对原子结构理论的发展也起了有力的推动作用。第二，它有力地证实了几何晶体学提出的空间点阵假说，晶体内部的原子、离子、分子等确实是有规则的周期性排列，使这一假说发展为科学理论。第三，它使人们可以利用 X 射线晶体衍射效应来研究晶体的结构，根据衍射方向可确定晶胞的形式和大小，根据衍射强度可确定晶胞的内容（原子、离子、分子的分布位置），这就导致了一种在原子—分子水平上研究化学物质结构的重要实验方法——X 射线结构分析（即 X 射线晶体学）——的诞生。

在上述劳厄发现的基础上，英国人布拉格父子以及莫斯莱和达尔文为 X 射线晶体结构分析的建立做了大量工作。从此，化学产生了一个新的分支——X 射线晶体学。

点评

> 将 X 射线晶体结构分析方法应用于化学物质的结构研究，使现代结晶化学迅速兴起，它对有机结晶化学的发展，对蛋白质、核酸等生物高分子结构的研究，都起了巨大作用。

化学元素铷和铯的发现

19 世纪 60 年代左右，化学家本生和基尔霍夫开始共同探索通过辨别焰色进行化学分析的方法。他们决定制造一架能辨别光谱的仪器。于是，他们把一架直筒望远镜和三棱镜连在一起，设法让光线通过狭缝进入三棱镜分光，这就是第一台光谱分析仪。

光谱仪安装好后，他们就合作系统地分析各种物质。本生在接物镜一边灼烧各种化学物质，基尔霍夫在接目镜上边进行观察、鉴别和记录。他们发现用这种方法可以准确地鉴别出各种物质的成分。

本生认为：分析吸收光谱不仅能够测定天体物质和地球上物质的化学组成，还可以用来发现地壳中含量非常少的新元素。于是，本生和基尔霍夫取来了狄克汤姆的矿泉水，将它浓缩后，再除去其中的钙、锶、镁、锂的盐，制成的母液用来进行光谱分析。当他们将一滴试液滴在本生灯的火焰上时，除了在分光镜中看到了钠、钾、锂的光谱线之外，还能看到两条显著的蓝线，他们进行查对，发现在当时已知元素中，没有一种元素能在光谱的这一部分显现出这两条蓝色，因此他们确定试液中含有一种新元素，它属于碱金属。他们把它命名为铯（即指它的光谱像天空的蓝色）。

为了获得可供分析用的含铯的试液，他们要处理几吨的矿泉水。发现铯的这天是 1860 年 5 月 10 日。

一年后的一天，本生和基尔霍夫将处理云母矿所得的溶液，加入少量氯化铂，即产生大量沉淀，在分光镜上鉴定这种沉淀时，只看见钾的谱线。后来，他们用沸水洗涤这种沉淀，每洗一次，就用分光镜检验一遍。他们发现，随着洗涤次数的增加，从分光镜中观察到的钾的光谱线逐渐变弱，最后消失，而同时又出现了另外两条深紫色的光谱线，它们逐渐加深，最后变得格外鲜明，出现了几条深红色、黄色、绿色的新谱线，它们不属于任何已知元素。这又是一种新的元素，因为它能发射强烈的深红色谱线，就命名为铷。

1862年，本生加热碳酸铷和焦炭的混合物，制得了金属铷。

点评

在化学元素的发现史上，金属元素铷和铯的发现是非常特殊的。这两个元素的发现都是本生和基尔霍夫两人合作的结果。这告诉了我们合作的重要性。

铁的故事

在远古时代，第一块落到人类手中的铁可能不是来自于地球，而是来自宇宙空间，因在一些古语中，铁被称为“天降之火”。埃及人把铁叫做“天石”。可见人们最早认识的铁是从陨石开始的。

19 世纪 90 年代初，在美国亚利桑那州的沙漠中发现了一个巨大的陨石坑，坑的直径有 1 200 米，深度有 175 米。估计这块亚利桑那州陨石有几万吨重。有人试图想让这个“天外来客”为他们赢利，甚至成立股票公司，然而最后却以公司的关闭而告终。

19 世纪 90 年代中期，美国探险家在丹麦格陵兰的冰层中发现了一块质量为 33 吨的铁陨石。这块陨石历尽千辛万苦被送到纽约，至今仍然保存在那里。

“天外来客”毕竟有限。因此在冶金业发展之前，用陨铁制作的器具相当得珍贵。因此，铁在地球上的出现与使用，在最初带有神秘与高贵的色彩。只有最富有的贵族才能买得起耐磨的铁制装饰品。在公元前 1 000 多年就发现了一件用来配青铜剑身的铁剑柄，显然，这是一种贵重的装饰金属物。在古罗马，甚至结婚戒指一度是铁制而不是金制的。在 18 世纪探险家航行中甚至有过这样的经历，他们用一枚生锈的铁可以换一头猪，用几把破刀就可换足够全体船员食用好几天的鱼。因为他们遇见的波利尼亚西土著人对铁的渴望超过了其他。有史以来，锻造业也第一次被认为是最体面的行业之一。

19 世纪 80 年代末，由杰出的法国工程师艾菲尔设计的一座宏伟的铁塔建筑物在巴黎落成。许多人认为，这座高 300 米的铁塔不会持久，艾菲尔却坚持说它至少可以矗立 1/4 个世纪。到现在 130 年过去了，埃菲尔铁塔仍然高高屹立在巴黎，吸引着成千上万的游客，成为法国的骄傲。

20世纪50年代末，在比利时首都布鲁塞尔世界工业博览会上，一座让人过目难忘的大楼矗立起来，这座建筑物由9个巨大的金属球组成，每个球的直径为18米，8个球处于立方体的每个角顶，第9个球处于立方体中心，这正是一个放大了上千亿倍的铁晶体点阵模型，它叫阿托米姆，也是人类不可缺少的朋友——铁——的象征。

点评

铁是我们日常生活中最常见的化学元素，是人类运用最多的化学元素，也是与人类相伴时间最长的元素。它是人类不可缺少的朋友。

原子的历程

早在 2 400 多年前，古希腊著名哲学家德谟克利特便提出了“原子”这一概念，意思是“不可再分割”。但放射性元素的发现，说明原子并非“不可分割”。随着人们对放射现象的深入研究，逐渐认清了化学元素的真面目。

20 世纪初，科学家开始弄清楚，原子是由原子核和电子组成的，电子围绕着原子核飞快地旋转着。原子核又是由什么组成的呢？20 世纪 30 年代，人们终于揭开了原子核的秘密：原子核是由质子和中子组成的。质子、中子都比电子大得多，质子的质量是电子质量的 1 836 倍，中子的质量是电子质量的 1 839 倍。质子是带正电的微粒，中子不带电、是中性的微粒。

自从揭开了原子核的秘密之后，人们开始认识元素的本质：氢是第 1 号元素，它的原子核中含有 1 个质子；氦是第 2 号元素，它的原子核中含有 2 个质子；碳是第 6 号元素，它的原子核中含有 6 个质子……铀是第 92 号元素，它的原子核中含有 92 个质子。也就是说，元素原子核中的质子数，就等于它在元素周期表上“房间”的号数——原子序数。也就是说，化学元素的不同，就在于它们原子核中质子数的不同！原子核中质子数相同的一类原子，就属于同一种化学元素。

看来，在原子核中举足轻重的是质子，它的多少决定了原子的命运。然而，中子起什么作用呢？

人们经过仔细研究，发现同一元素的原子核中，虽然质子数相同，但中子数有时不一样。比如，普通的氢的原子核，只含有 1 个质子；有一种氢原子的原子核，除了含有 1 个质子外，还含有 1 个中子，叫做“氘”或“重氢”；还有一种氢原子的原子核，含有 1 个质子和 2 个中子，叫做“氚”或“超重氢”。氢、氘、氚都属于氢元素，但它们由于原子核中的中子数不同，脾气也不一样，被叫作“同位素”。

本来，人们对放射性元素镭会变成铅和氦感到不可思议。这时，却可以得到正确的解释：镭是88号元素，它的原子中含有88个质子。它的原子核分裂后，变成4块碎片。在那块大的碎片中，含有82个质子，也就是82号元素——正好是铅；在那3块小的碎片中，含有多少个质子呢？用88减去82，剩6个质子，而3块碎片是一样大小的，也就是各含有2个质子——2号元素，正好是氦！

苏联科学文艺作家伊林，曾用非常通俗的比喻说明了原子核裂变的原理：“就好像你把3枚5分的铜币锁在抽屉里。过了几天，你发现抽屉里的5分铜币不是3枚，而只有2枚了。那第三枚5分铜币自己兑成了3分的和2分的铜币了。”也就是说，原子核分裂，就好像5分铜币兑成3分、2分的铜币。

这给了人们一个重要的启示：能不能进行特殊的“加法”呢？比如说，那个43号元素，一直找不到，而42号元素——钼——是人们熟知的。能不能运用“加法”，往钼的原子核中“加”上一个质子，岂不就可以人工地制造出43号元素吗？在这个想法的支持之下，人们又开始了寻找化学元素的旅程。

点评

这种原子核的“加法”，燃起了人们寻找失踪元素的热情。于是，人们又继续探根求源，千方百计去捉拿失踪的元素了。

电子排布秘密的研究

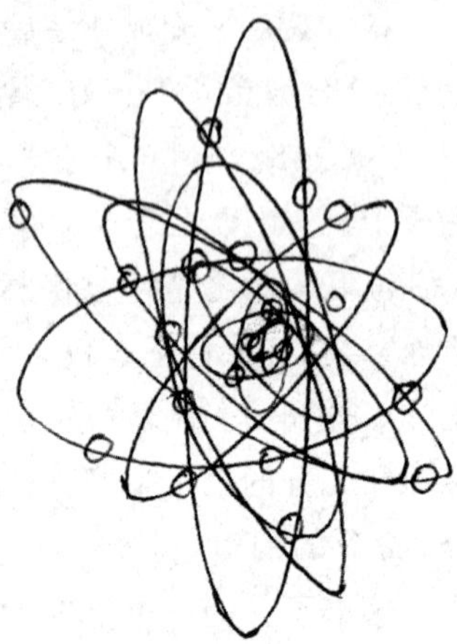

人们在研究原子核的同时，也对核外的电子进行了研究。知道了核电荷数，也就是知道了核外电子数，因为这两者总是相等的。但是这些电子在原子核外的状态是怎样的呢？它们是怎样分布的，怎样运动的呢？这还是一个秘密。

从大量的科学实验的结果中，人们知道了，电子永远以极高的速度在原子核外运动着。高速运动着的电子，在核外是分布在不同的层次里的，我们把这些层次叫做能层或电子层。能量较大的电子，处于离核较远的能层中；而能量较小的电子，则处于离核较近的能层中。

人们还发现，电子总是先去占领那些能量最低的能层，只有能量低的能层占满了以后，才去占领能量较高的一层，等这一层占满了之后，才又去占领更高的一层。第 1 层，也就是离核最近的一层，最多只能放得下两个电子。第 2 层最多能放 8 个电子。第 3 层最多能放得下 18 个电子，而第 4 层放的更多，最多能放 32 个电子……现在已经发现的电子层共有 7 层。不过，当人们对很多原子的电子层进行了研究以后发现，原子里的电子排布情况，还有一个规律，这就是：最外层里总不会超过 8 个电子。当人们把研究原子结构，特别是研究原子核外电子排布的结果同元素周期表对照着加以考察的时候，发现这种电子的排布竟然和周期表有着内在的联系。

为了说明的简便，我们只拿周期表中的主族元素同它们的核外电子排布情形对照着看一看。

先从横排——周期——来看：在第一周期中，氢原子的核外只有 1 个电子，这个电子处于能量最低的第一能层上。氦原子的核外有两个电子，都处于第一能层上。由于第一能层最多只能容纳两个电子，所以，到了氦第一能层就已经填满，第一周期也只有这两个元素。在第二周期中，从锂到氖共有 8 个元素。它们的核外电子数从 3 增加到 11。电子排布的情况：除了第一能层都填满了两个电子而外，出现了一个新的能层——第二能层；并且从锂到氖依次在第二能层中有 1 到 8 个电子。到了氖第二能层填满，第二周期也恰好结束。在第三周期中，同第二周期的情形相类似。除了第 1，2 两个能层全都填满了电子外，电子排布到第三能层上，并且从钠到氩依次增加 1 个电子。到了氩，第三周期完了，最外电子层也达到满员——8 个电子。

再从竖行——族——来看：第一主族的 7 个元素——氢、锂、钠、钾、铷、铯、钫——的最外能层都只有 1 个电子，所不同的只是它们的核外电子数和电子分布的层数。氢的核外只有 1 个电子，当然也只能占据在第 1 能层上；锂有 2 个能层，并且在第 2 能层上有 1 个电子；钠有 3 个能层，并在第 3 能层上有 1 个电子……钫有 7 个能层，并且在第 7 能层上有 1 个电子。由于在化学反应中，原子核是不起任何变化的，一般的情况下，只是最外层电子起变化。第一主族由于最外层都只有一个电子，因而它们表现出相似的化学性质，这当然就是很自然的事情了。完全类似，第二主族各元素的最外能层都有 2 个电子，第三主族各元素的最外能层都有 3 个电子……

当初，门捷列夫曾经在他自己编写的化学教科书《化学原理》中，用下面这句话来说明他发现的元素周期律：元素以及由它形成的单质和化合物的性质周期地随着它们的相对原子质量而改变。后来，由于物理学上一系列新的发现，人们对元素周期律得到了新的认识，元素以及由它形成的单质和化合物的性质周期地随着原子序数（核电荷数）而改变。

最后，在弄清了原子核外电子排布的规律以后，人们对元素周期律和元素周期表的认识就更加深入了。现在，人们可以从理论上来解释元素周期律了。原来，随着核电荷数的增加，核外电子数也在相应地增加；而随着核外电子数的增加，就会一层一层地重复出现相似的电子排布的过程。这就是元素性质随原子序数的增加而呈现周期性变化的原因。

如今，人们不仅知道一个元素所在的周期数就是它的核外电子排布的层数，主族元素的族数就是它最外层的电子数，而且也能解释元素的化合价为什么也随着原子序数的增加而出现周期性的变化。就连为什么同一族的各个元素，从左到右金属性逐渐减弱、非金属性逐渐增强，为什么同一周期的各个元素，从上到下金属性逐渐增强、非金属性逐渐减弱这一类的问题，也能够得到令人满意的解答了。

点评

原子结构的知识像一把钥匙，打开了元素周期表里的秘密之锁，使人类对物质的理解进入了一个全新的电子时代。

化学家的故事

早期的化学家——炼丹家葛洪

在封建社会里，贵族官僚为了永远享受骄奢淫逸的生活，妄想长生不老。有些人就想炼制出“仙丹”来满足他们的奢欲，于是形成了一种炼丹术。

炼丹术有着悠久的历史，早在公元前三四世纪的战国时期，就出现了关于方士和求“不死之药”的记载。秦始皇曾派遣徐福带着几百个童男童女到蓬莱求仙人赐不死之药。汉武帝招揽众多方士，讲求长生不老之术。炼丹的风气在封建统治阶级的扶助下盛行起来。魏晋南北朝，方士演变成符水治病的道士，他们把先秦的道家创始人老子认作始祖，从此道教成为我国封建社会中的主要宗教之一，与儒、佛并行于世。

炼丹的人把一些矿物放在密封的鼎里，用火来烧炼。矿物在高温高压下就会发生化学变化，产生出新的物质来。但是在炼丹的过程中，人们发现了一些物质变化的规律，这就形成了现代化学的先声。

炼丹术在我国发展得比较早，葛洪就是其中的一个炼丹家。

葛洪字稚川，号抱朴子，东晋丹阳句容人，出生在一个没落的贵族家庭，祖父在三国时代曾是吴国的大官。在他 13 岁那年，父亲病亡，家境也随之衰败。葛洪从小就有一种强烈的求知欲，没有书，就到处向别人借书来读，无钱买笔墨，就拿木炭在地上练写字。从16岁读儒家的《孝经》《论语》等书开始，广泛地阅读了许多书，从经书、史书到杂文，凡能借到的书都认真地阅读。后来他还学习了“望气”“卜卦”之类。葛洪经过长期的刻苦自学终于成为一个学识渊博的人。据《晋书》中的“葛洪传”介绍，葛洪“博闻深洽、江左绝伦；著述篇章，富于班马”。这就是说，葛洪的学问很丰富，在江南是无人可比的，他的著作比班固和司马迁的著作还多。《晋书》里列举他的著作有《抱朴子》内篇116篇，碑诔诗赋100卷，移檄章表30卷，“神仙”“良吏”“隐逸”“集异”传各10卷，五经史汉百家之言方使杂事310卷，“金匮药方”100卷，“肘后要急方”4卷。一个人有这么多的著作，抄述了310卷书，可以想象他是很勤奋的。

西晋末年，统治阶级内部争权夺利，“八王之乱”“蛮族叛乱”，战争接连不断，社会生产力受到严重破坏，阶级斗争异常尖锐，农民起义也风起云涌。生活在这种形势下，葛洪和一些地主阶级一样，从现实的失望中，转而求援于上帝，投身于神仙方士之术。葛洪把老庄之学充分地演化为神仙方士之术，他的思想实质上是内神仙外儒术。他的炼丹理论正是从这一思想出发的。他认为一切物质都可以变，而在诚心的要求和适当的条件下，人们可以变得仙丹和黄金。根据这一理论，葛洪在收集、研究各种药方，为民治病的同时，进行了大量的炼丹实验。

从这些炼丹的实验中，葛洪熟悉了许多无机物质的组成和一些比较简单的化学反应。我们仅从《抱朴子内篇》里，可以发现葛洪已具备下述化学知识。

(1)“丹砂烧之成水银，积变又还成丹砂”，丹砂即硫化汞，加热即分解而得到汞。汞与硫黄化合又生成黑色的硫化汞，再在密闭容器中调节温度，便升华为赤红色的结晶硫化汞。也就是说葛洪在炼制水银的过程中，发现了化学反应的可逆性，他指出，对丹砂（硫化汞）加热，可以炼出水银，而水银和硫黄化合，又能变成丹砂。

(2)“以曾青涂铁，铁赤色如铜”，曾青大概指含硫酸铜的胆矾，以曾青涂铁即以铁和硫酸铜的溶液起作用，铁取代了硫酸铜里的铜，故表面附有一层红色的铜，因为采用涂敷的方法，所以硫酸铜只在铁表面发生作用。葛洪进而说：“外变而内不化。”可见对于这一金属置换反应，葛洪是做了仔细观察的。

(3)“铅性自也，而赤之以为丹，丹性赤也，而白之以为铅。”这是说铅可以变为铅白，即碱式碳酸铅，铅白又可以变成赤色的铅丹，即四氧化三铅；铅丹则可以变回铅白，最后回复为铅。这是一个很明显的化学反应过程。

(4)“取雌黄、雄黄，侥下，其中铜铸以为器复之……百日此器皆生赤乳，长数分。”也就是说雌黄（三硫化二砷）和雄黄（五硫化二砷）加热后均能升华。葛洪这段话就是对它们升华反应的描述。

在当时，葛洪能有这样丰富的化学知识是难能可贵的，他是我国炼丹术发展中承前启后的人物。他那富于鼓动性的文笔，替炼丹术做了宣传，他对炼丹方法的具体著述对后来的炼丹家影响很大。

点评

炼丹术在许多人的眼里是神秘莫测的，也有的人直接把它与封建迷信等同起来。实际上，古代的人们是通过炼丹术开始对物质世界进行探索的，从而使化学进入萌芽阶段。

中国近代化学的启蒙者——徐寿

在我国19世纪化学史上，许多专家都公推徐寿为我国近代化学的启蒙者。因为在这一方面，徐寿做了重要的工作，系统地介绍了近代化学的基础知识。

徐寿，出生在江苏省无锡市郊外一个没落的地主家庭。5岁时父亲病故，靠母亲抚养长大。当他17岁时，母亲又去世。幼年失父、家境清贫的生活使他养成了吃苦耐劳、诚实朴素的品质，正如后人介绍的那样："赋性狷朴，耐勤苦，室仅蔽风雨，悠然野外，辄怡怡自乐，徒行数十里，无倦色，至不老倦。"

青少年时，徐寿学过经史，研究过诸子百家，常常表达出自己的一些独到见解，因而受到许多人的称赞。然而他参加取得秀才资格的童生考试时，却没有成功。经过反思，他感到学习八股文实在没有什么用处，毅然放弃了通过科举做官的打算。此后，他开始涉猎天文、历法、算学等书籍，准备学点科学技术为国为民效劳，这种志向促使他的学习更为主动和努力。他学习近代科学知识，涉及面很广，凡科学、律吕（指音乐）、几何、重学（即力学）、矿产、汽机、医学、光学、电学的书籍，他都看。这些书籍成为他生活中的伴侣，读书成为他一天之中最重要的活动。就这样，他逐渐掌握了许多科学知识。

在学习方法上，徐寿很注意理论与实践相结合。他常说："格致之理纤且微，非藉制器（即不靠试验）不克显其用。"有一年，徐寿、华蘅芳结伴同往上海探求新知识。他们专门拜访了当时在西学和数学上已颇有名气的李善兰。李善兰正在上海墨海书馆从事西方近代物理、动植物、矿物学等书籍的翻译。他们虚心求教、认真钻研的态度给李善兰留下了很好的印象。这次从上海回乡，他们不仅购买了许多书籍，还采购了不少有关物理实验的仪器。

回家后，徐寿根据书本上的提示进行了一系列的物理实验。为了学习光学，买不到三棱玻璃，他就把自己的水晶图章磨成三角形，用它来观察光的七彩色谱，结合实验学习物理，使他较快地掌握了近代的许多物理知识。有一次，他给包括华蘅芳的弟弟华世芳在内的几个孩子做物理实验演示。他先叠一个小纸人，然后用摩擦过的圆玻璃棒指挥纸人舞动，孩子们看了感到很神奇。通过这样的演示，他就把他学到的摩擦生电的知识传授给了他人。

鸦片战争失败的耻辱，促使清朝统治集团内部兴起一阵办洋务的热潮。所谓洋务即是应付西方国家的外交活动，购买洋枪洋炮、兵船战舰，此外还学习西方的办法兴建工厂、开发矿山、修筑铁路、办学堂。但是，作为封建官僚权贵，洋务派大都不懂这些洋学问。兴办洋务，除了聘请一些洋教习外，还必须招聘和培养一些懂得西学的中国人才。在这种情况下，博学多才的徐寿引起了洋务派的重视，曾国藩、左宗棠、张之洞都很赏识他。

曾国藩在安庆开设以研制兵器为主要内容的军械所后，他征聘了徐寿和他的儿子徐建寅，以及包括华蘅芳在内的其他一些学者。

几年后，李鸿章、曾国藩要在上海兴建主要从事军工生产的江南机器制造总局。徐寿因其出众的才识，被派到上海襄办江南机器制造总局。

徐寿到任后不久，根据自己的认识，提出了办好江南机器制造总局的 4 项建议：“一为译书，二为采煤炼铁，三为自造枪炮，四为操练轮船水师。”把译书放在首位是因为他认为，办好这 4 件事，首先必须学习西方先进的科学技术，译书不仅能使更多的人学习到系统的科学技术知识，还能探求科学技术中的真谛，即科学的方法、科学的精神。

徐寿还在江南机器制造总局内专门设立了翻译馆。翻译馆翻译了数百种科技书籍。这些书籍反映了当时西方科学技术的基本知识、发展水平及发展动向，对于近代科学技术在我国的传播起了很大的作用。

徐寿共译书 17 部，105 本，168 卷，共约 287 万字。其中徐寿所译的《化学鉴原》《化学鉴原续编》《化学鉴原补编》《化学求质》《化学求数》

《物体遇热改易记》《中西化学材料名目表》，将当时西方近代无机化学、有机化学、定性分析、定量分析、物理化学以及化学实验仪器和方法做了比较系统的介绍。这几本书对近代化学在我国的传播发展发挥了重要作用。

徐寿病逝于上海格致书院，享年67岁。

点评

综观徐寿的一生，他不图科举功名，不求高官厚禄，勤勤恳恳地致力于引进和传播国外先进的科学技术，对近代科学技术在我国的发展做出了不朽的贡献，不愧为中国近代化学的启蒙者。

侯氏制碱法的创造者——侯德榜

碱又名纯碱、苏打，是一种重要的化工原料，是食品、造纸、制药、玻璃、肥皂、印染等工业以及人民日常生活的必需品。

19世纪60年代，比利时人索尔维研究出了氨碱法即索尔维制碱法，这是以食盐、氨、二氧化碳为原料的制碱法，该法实现了碱的连续化生产，并使食盐利用率得到提高，从而使纯碱价格大大降低，并且产品质量纯净，故被称作纯碱。但是由于采取了严密的保密措施，外人对此新技术一无所知。不料这一秘密竟被一个中国人运用智慧摸索出来了，这个人就是侯德榜。

侯德榜生于福建闽侯农村。他在青年时就显露出过人的智慧，在清华留学预备学堂高等科学习时，以10门课获得满分1 000分的成绩毕业。这无论在过去还是现在都是广大学生望尘莫及的，因此被称为“国宝”。

侯德榜志向远大，学识渊博，毕业于美国麻省理工学院化工专业，获学士学位，正如他所说：“要当一名称职的化学工程师，至少要对机、电、建筑内行。”毕业后他曾在美国水泥、硫酸、染料、电化等工厂实习，同时继续深造，并先后获得美国哥伦比亚大学制革硕士学位和博士学位。

侯德榜学成归国后，出任范旭东创办的永利碱业公司的技师长，也就是总工程师。

要创业首先需要实干精神。他脱下了白领西服，换上了蓝布工作服和胶鞋，身先士卒，同工人们一起操作。哪里出现问题，他就出现在哪里，经常干得浑身汗臭，衣服中散发出酸味、氨味。他这种埋头苦干的作风赢得了工人们，甚至外国技师的赞赏和钦佩。在他的带领下，技师、工人们团结一心，为建成中国自己的碱厂而奋战。从整个工艺流程设计，到土建施工，到设备安装，他都事必躬亲，严格把关。他成天穿着工作服，在工地上解决着一个个技术难题。

工厂终于全部建成，只等试运行了。工艺设计是否合理？设备安装是否正确？最权威的判定，就是能不能出碱！整个流水线分为化盐、烧灰、吸氨、碳化、烤碱、蒸氨、动力 7 个部分，安装好的设备，静静等着他的号令。这时的侯德榜，心情十分激动。因为他现在使用的基本原理，是“氨碱法”的基本原理。

侯德榜深知，试运行不会一帆风顺。果然开机不久，30 多米高的蒸氨塔发出巨大响声，并开始摇晃起来。侯德榜立即采取应急措施并着手处理，直到半夜，才排除故障。不料，后来干燥锅又出了问题，湿热的碱在里面结成“大锅巴”，怎么也弄不下来。干燥锅结疤了，浑圆的铁锅在高温下停止了转动，时间长了后果是很严重的。技师们都急得团团转，这时候侯德榜果断地拿起玉米棒子粗的大铁杆往下捅，累得他双眼直冒金星，汗水湿透了工装。不久他觉得单靠力气难于解决这一技术问题，经过大家商量，他们采用加干碱的办法终于使锅底上的碱疤脱水掉下来，总算克服了困难。就这样的问题不断出现，又不断解决，有的调整，有的重新设计，有的改建，渐渐地，整个设备运转趋于正常了！

1924 年，碱终于生产出来了！但人们一看，心又凉了半截！原本应该是白色的碱却变成了暗红色。问题又摆到侯德榜面前。经化验，碱的成分很正常，就是渗进了一些氧化铁。“氧化铁！这是怎么回事?”侯德榜把原料及设备的每道工序都仔细想了一遍，又在脑子里与外国化工厂的情况一一作了对比。在错综复杂的因素中，他一下抓住了问题的实质：氧化铁是设备、管道被腐蚀后脱落渗入的。但如何防腐？他想到国外用的是炼焦厂的粗氨液做原料，这其中含有硫化铵，硫化铵与铁接触会在其表面形成硫化铁保护层，而我们使用的氨液中无硫……对，在原料中加点硫化钠！随后他们以少量硫化钠和铁塔接触，致使铁塔内表面结成一层硫化铁保护膜，再生产时纯碱变成纯白色了。

雪白的纯碱终于生产出来了！索尔维的技术垄断，被中国人打破了！1926 年，中国人生产的红三角牌纯碱，在美国费城万国博览会上获得了金奖。

一袋袋的纯碱是中华民族的骄傲，它象征着中国人民的志气和智慧，被誉为中国近代工业进步的象征。

摸索到索尔维制碱法的奥秘，本可以高价出售其专利而大发其财，但是，侯德榜却主张把这一奥秘公布于众，让世界各国人民共享这一科技成果。为此侯德榜继续努力工作，把制碱法的全部技术和自己的实践经验写成专著《制碱》在美国以英文出版。一个有骨气的中国人就是这样揭露了索尔维制碱法的奥秘的。

在永利碱厂投入正常运行后，一次，侯德榜得到一个消息：德国人发明了一种新的制碱方法，它能使食盐的利用率高达95%，比索尔维法一下提高了20%，而且它不会排出氯化钙这种废物，却能生产出一种化肥——氯化铵。这时的侯德榜已是一个非常成熟的化工专家了，他就不信新的方法搞不出来！因为从理论上说，新方法并不神秘，关键是研究出新的生产工艺。这不仅是理论问题，更重要的是实践。而在实践中创新，正是侯德榜的拿手戏。于是他下定决心，一定要和同事们自己把新工艺设计出来！

为了实现这一设计，在抗日战争的艰苦环境中，在侯德榜的严格指导下，经过了500多次循环试验，分析了2 000多个样品后，才把具体工艺流程确定下来，这个新工艺使食盐利用率从70%一下子提高到了96%，也使原来无用的氯化钙转化成化肥氯化铵，解决了氯化钙占地毁田、污染环境的难题。这种方法把世界制碱技术水平推向了一个新高度，赢得了国际化工界的极高评价。1943年，中国化学工程师学会一致同意将这一新的联合制碱法命名为“侯氏制碱法”。

侯德榜将毕生精力都用在科技工作和科学研究上，他常用“勤能补拙”勉励青年人，他有极强的民族自尊心和自信心，他的名言是“难道黄头发绿眼睛的人能搞出来，我们黑头发黑眼睛的人就办不到吗?”侯德榜成为了民族的骄傲。

点评

成功总是属于坚韧不拔的人的。在落后的旧中国，侯德榜用他的辛勤和智慧创造了联合制碱法，为中华民族争得了荣誉，为国家、为人民造福，为我们青少年树立了一个学习的榜样，我们会永远怀念这样的民族骄子。

中国味精的制造者——吴蕴初

味精（主要成分是谷氨酸钠），是我们日常生活不可缺少的调味品。这种能够起到使汤、菜味道鲜美的调味品，最初是由一个德国人从植物蛋白中发现的。19 世纪末，日本营养专家池田研制这种调味品获得成功，取名“味素”，并大量应用于生产。20 世纪 20 年代初，日本生产的调味品“味素”大量涌入中国。上海等各大城市布满了“味素”的巨幅广告。日本人的宣传行为极大地刺伤了具有强烈民族自尊心和责任感的吴蕴初先生，他发誓：“我一定要研制出自己的调味品，将‘味素’从中国赶出去。”

吴蕴初凭借早年毕业于上海兵工学堂化学专科的基础，不分昼夜寒暑地进行着他的研制工作，经过无数次的失败，一年以后，他硬是靠着酒精灯、试剂瓶等一些简单的不能再简单的化学仪器，在非常简陋和艰苦的条件下，终于研制出了我国自己的调味品，并参照糖精而取名为味精。

接着，吴蕴初与人合作使我国第一个味精生产厂——上海天厨味精厂——正式建成投产。产品投放市场后，在国内抵制日货的影响下，广大市民争相购买国产味精，生产效益渐好。随后，吴蕴初又不断增加资本，扩大再生产；改进工艺，提高产品质量，使天厨味精多次在国内外获奖，大大提高了产品的信誉，因此，天厨味精不仅畅销国内，还远销南洋各地，以致产品数量供不应求。20 世纪 20 年代后期，上海天厨味精厂已具有相当大的规模和影响。同时工厂还能兼营淀粉、糊精、葡萄糖、饴糖等产品。

接着由于天厨的扩大再生产需要大量的盐酸，当时国内尚无力生产，完全靠日本等国家进口，而日本人为了报“味素”之仇，对供应中国的盐酸实行了严格控制。况且，盐酸属于危险品，用耐酸陶器盛装，笨重易碎，运费也十分昂贵，为了解决这些问题，迫切需要建立自己的盐酸厂。中国人自己办厂，势必要影响外国人的在华利益，他们对吴蕴初进行了极端的经济和技术等的封锁和阻挠。吴蕴初起誓：“小辫子不能捏在别人手里。”

吴蕴初再次克服重重困难，于20世纪20年代末建成了我国第一个电解食盐水生产盐酸的天原电化厂，日产盐酸2吨，使天厨味精真正做到了“完全国货”。盐酸的自行生产，填补了我国电解食盐工业的空白，对我国的氯碱工业做出了重大贡献。它不仅为国家争了光，长了中国人的志气，它还证明了：“外国人能做到的，中国人也一定能够做到。”

随着天原电化厂的产品产量不断增加，装运盐酸所需的耐酸陶器已远不能满足需求，且在此之前所用的耐酸陶器都是日本货，这更激起了吴蕴初生产自己的耐酸陶器的决心。他凭借早年制造硅砖的经验，建起了我国第一个耐酸陶器厂——天盛陶器厂，又一次填补了我国化学陶器的空白。

上海淞沪抗战爆发后，吴蕴初收购了大批的核桃壳，烧制活性炭，制造防毒面具，为支援抗战，准备无偿送给当时驻扎在上海的十九路军，后因十九路军撤离上海而未能如愿。接着，吴蕴初又以天厨味精厂的名义，花12万元购买战斗机一架支援抗战，成为当时家喻户晓的“献机爱国”的抗日模范。

20世纪30年代中期，吴蕴初又办起了我国第一个氮气（合成氨）厂——天利氮气厂，结合天原电化厂生产的氢气合成氨，并在此基础上，利用氨氧化法生产硝酸。

新中国成立后，吴蕴初急忙从美国返回祖国。周恩来总理高兴地对他说：“味精大王回来了，欢迎欢迎!”并希望他为新中国化学工业继续做出贡献。

正当吴蕴初踌躇满志地投入新中国的化工事业之时，不料，回国仅3年的吴蕴初因糖尿病复发，危及心脏，不幸逝世，享年62岁。临终前，他立下遗嘱，将蕴初基金会的全部财产交给国家，并叮嘱儿子：“你们今后要照国家指引的道路走下去。”

吴蕴初的事业由研制和生产味精而步入民族化学工业的道路。在这条道路上，他进行了艰苦的跋涉和努力，做出了卓越的贡献。由吴蕴初创办的上海“天字号”化工企业集团成为支撑当时我国的民族化学工业的一大支柱。吴蕴初通过自己的努力，为国争了光，为中华民族争了一口气。

点评

吴蕴初的每一步成功无不是在内忧外患、极端艰苦、困难重重的条件下起步的，这需要勇气和魄力，需要奋斗和进取，需要有大无畏的精神，更需要探索和科学的精神。这些精神都是青少年应该具备的。

“毛估”化学家——卢嘉锡

“假如设计一座桥梁，小数点错一位可就要出大问题、犯大错误，今天我扣你3/4的分数，就是扣你把小数点放错了地方。”在一次随机的考测之后，区嘉炜教授这样开导他最喜欢的学生卢嘉锡。

如何才能避免把小数点放错地方呢？在理解了教师重扣的一片苦心之后，卢嘉锡思索着。

从此以后，不论是考试还是做习题，他总要千方百计地根据题意提出简单而又合理的物理模型，从而估算答案的大致范围，如果计算的结果超出这个范围，就仔细检查一下计算的方法和过程。这种做法使他有效地克服了因偶然疏忽引起的差错。这就是卢嘉锡成功的秘诀——“毛估”，即粗略地、大概地进行估算。

善于总结学习方法的卢嘉锡后来走上了献身科学的道路。他发现，从事科学研究同样需要进行“毛估”，或者说进行科学的猜想。不过那是一种更高层次的思维活动，这是因为探索未知世界比起学习和掌握现成的知识要艰巨复杂得多。在形成科学上的毛估思想方面，他首先得益于留心揣摩他的导师、后来两度荣获诺贝尔奖（化学奖与和平奖）的鲍林教授的思维方法。

20世纪30年代末的一个秋天，在留英时导师萨格登教授的指点和推荐下，卢嘉锡赴美国加州理工学院，来到当时很有名气的结构化学家鲍林教授的身边。毫无疑问，探索物质和微观结构奥秘，正是这位不满24岁就获得伦敦大学博士学位的中国青年学者最感兴趣的问题。

结构化学是一门在分子、原子层面上研究物质的微观结构及其与宏观性之间相互关系的新兴学科，不过当时的研究手段还处在初级阶段，通常，科学家需要花费很大的力气才能弄清楚某一物质的分子结构。卢嘉锡注意到，鲍林教授具有一种独特的化学直观能力：只要给出某种物质的化学式，他往往就能通过“毛估”大体上想象出这种物质的分子结构模型。鲍林所表现出来的非凡才能令他的学生钦佩，但卢嘉锡没有使自己仅仅停留在崇拜者的位置上。

鲍林教授靠的是一种“毛估”，我为什么就不能呢？在反复揣摩之后，卢嘉锡领悟到：科学上的“毛估”需要有非凡的想象力，而这种想象力只能产生于那些拥有扎实的基础理论知识和丰富的科研实践经验、训练有素而善于把握事物本质和内在规律的头脑。于是，他更加勤奋刻苦，孜孜以求。

20 世纪 70 年代，国际学术界对固氮酶“活性中心”结构问题的研究还处在朦胧状态，当时的科学积累距离解开固氮酶晶体结构之谜还有相当一段路程。然而正是在这个时候，卢嘉锡在组织开展一系列实验研究的基础上，就提出了固氮酶活性中心的“原子簇”模型，也就是人们所说的“福州模型”。它的样子像网兜，因而又称之为“网兜模型”（后来又发展出“孪合双网兜”模型）。4 年以后，国外才陆续提出“原子簇”的模型。

直到 20 世纪 90 年代，实际的固氮酶基本结构才由美国人测定出来，先前各国学者所提出的种种设想都与这种实际测定的结构不尽相符。猜想与事实之间总是有些距离的，然而作为世界上最早提出的结构方面基本模型之一——卢嘉锡提出的模型，在“网兜”状结构方面基本上近似地反映了固氮酶活性中心所具有的重要本质，他的“毛估”本领不能不让人由衷叹服！

长期的科研实践，使卢嘉锡特别重视“毛估”方法的运用，他常常告诫他的学生和科研人员：“毛估比不估好！”他希望有幸献身科学的人们，在立题研究之初就能定性地提出比较合理的基本“结构模型”（通常表现为某种科学设想或假说），这对于正确地把握研究方向、避免走弯路是很有意义的。但他同时提醒大家：运用“毛估”需要有个科学的前提，那就是全面把握事物的本质，否则，“未得其中三昧”，那“毛估”就可能变成“瞎估”。“三昧”，古语指事物的要诀所在。卢嘉锡的这句话指出了成功的诀窍。

点评

无论哪一种科学方法，如果只会从形式上运用它，充其量不过成为一名熟练的工匠；只有那些善于从本质上把握的人才会成为真正的大师。

为国争光的魏可镁

有人评说，日本的筑波城，不亚于美国的“硅谷”。我国著名的化学家魏可镁来到这里的一家研究所进行访问研究。魏可镁进研究所先是安排参观，参观各种设备，了解整个环境。他有一种眼花缭乱的感觉，仿佛置身在科幻世界。这种感觉使他兴奋，但兴奋之后是更加冷静，因为他是中国访问学者，他的一举手，一投足，都反映了中国学者的水平。

在科技领域里，日本人的眼里只有美国人，他们瞧不起中国人。魏可镁在研究所里面开始工作时，就敏感地注意到了这一点。他一开始做实验，那位课长就像跟踪盯梢似的，时不时地出现在他的背后，生怕他弄坏了设备。有一两次，在学术讨论中，魏可美就实验的做法发表了一些意见，但那位课长不屑地挥挥手，意思是：照他的做，不用多嘴！大概，这位课长只当魏可镁是以“访问学者”的名义公费出国旅游的。殊不知，站在他面前的这位衣着朴素，外表一点也不显山露水的中国学者，科研上已卓有成就，在中国被评为“有突出贡献的中青年专家”。魏可镁的成就，在访问学者的表册上都明明白白地写着。大概日本人不相信这是真的，甚至看都不看。直到一次试验之后，他们才对魏可镁刮目相看。那是非贵重金属合成含氧化合物的制造方法的研究实验，魏可镁觉得研究方案不够严密，他坦诚地提出不要用贵金属，只要用钴和碱金属，并分析了理由。这是一项还没有被人突破的高精尖的研究课题，大概是日本人不相信魏可镁在这个领域里能涉猎得这么深，或者是多少伤害了他们的自尊心，于是他们很不高兴地说："不，您就按我们的方案做吧！"

魏可镁只得按原方案进行实验，但实验一次又一次地失败了。主持这个实验的课长，脸上的表情由不高兴转而有些尴尬。有一天，见他情绪不坏，魏可镁很委婉地说："先生，实验可否调整一下试试？"

课长只好绷着老脸下阶梯："好吧，那你就试试吧！"

此后，从研究方案、催化剂制备、配方确定，以及测试和表征，日本人都让魏可镁独立自主地处理。实验一次又一次进行，醇的选择性一次比一次明显上升，最后达到48%。课长祝贺他说："魏先生，成功了！可以取得专利了！"这个研究成果后来取得了日本专利。

在申报专利的过程中，也闹了个插曲。日本人不仅把魏可镁的名字列在后面，而且还写成是他们化学技术研究所的魏可镁。名字的先后次序可以不计较，但这种写法不能不计较啊！魏可镁找他们说理，那位课长解释说："你的成绩是在我们所里搞出来的，是我们提供的条件，所以只能这样写。"

魏可镁理直气壮地说："我是中国人。你这样一写，别人就把我当成日本人了。我要求明确写清楚，我是中华人民共和国福州大学的魏可镁。"课长没有话说，只得挂电话请示领导，请示专利局，终于不得不同意魏可镁的要求。虽然出现了争执，但从此以后他们对魏可镁的态度明显改变，又是送毛毯，又是送大衣，管行政的人员特地到宿舍来查看是否有取暖器。有一次魏可镁感冒了，他们特地另外送来十几万日元，以备看病缴费。那位课长请他到家里做客，生怕他不去，第二天，和另一位同事一起开车接他。第二年元旦，部长和课长又都分别请他吃饭。

魏可镁的访问时间是一年，结束前一个月，课长特地征求他的意见：是否能留下来继续工作一段时间？如果愿意，他就马上去办理延长手续。他让魏可镁考虑一下。

魏可镁不是没有考虑，更不是不会考虑。如果留下继续工作一年、两年……这里实验条件好，待遇也优厚，小车很快就会有，小别墅也很快就会有。但他想念妻子和女儿，而更重要的是，他有许多新催化剂的构想，他急着回去立项，建立新的研究课题。那些新构想的催化剂，都是中国极为需要的。魏可镁决定按期回国，日本人感到很惋惜。临回国前，那位课长，还有一位主任研究官，亲自开车陪他，到离筑波城600多千米的京都参观游览3天。登机的那一天，研究室里的3位先生亲自送他到机场，依依惜别。魏可镁就这样回到了中国，为中国的化学事业做出了杰出的贡献。

点评

化学家魏可镁用自己的行动为中华民族争得了荣誉，用无可辩驳的事实证明了炎黄子孙的杰出和优秀，我们会永远怀念这样的民族骄子。他是青少年学习的楷模。

“化学中的莫扎特”——李远哲

迄今为止，在荣获诺贝尔科学奖的5位华人中，有4位都是获得物理学奖，另有一位例外，那就是在1986年获得化学奖的李远哲。

李远哲生于19世纪30年代中期的中国台湾省新竹市，他的父亲是一名画家。李远哲于中国台湾大学毕业后到清华大学读研究生，获得硕士学位。26岁时，赴美国柏克利加州大学并于三年后获博士学位。后到哈佛大学化学系随赫施巴赫从事分子反应动力学的研究。43岁时他当选美国国家科学院院士。

童年时代的李远哲非常爱玩，棒球、网球、乒乓球都打得很好。“我可以把球打到对方球台上的任一指定点，”李远哲后来兴致勃勃地回忆说，“误差不会超过1英寸（1英寸=0.025 4米）。”

李远哲读初中时，在学习上已开始“独树一帜”。一次考试，几何老师出了五道题，李远哲全用与老师所讲的不同的方法去做，结果老师给他的卷子判了零分。李远哲不服气，据理力争：“老师，我的方法虽然同您教的不一样，但是没有错。”老师决定让李远哲给全班同学讲一讲再看。第二天，李远哲在黑板上讲了他的解法，得到全班同学的赞赏，最后老师给了他100分。

中学时代的李远哲看了大量的书。“我几乎每天看一本书。”他读了《居里夫人传》后，这样说道：“我第一次感到当科学家不仅能从事很有意义的科学研究工作，而且可以享有非常美好的人生。”李远哲下定决心要像居里夫人那样，把一生都献给科学。

李远哲从小喜欢自己动手做东西，遇到他想要做的东西时，李远哲的耐力是很惊人的。有一次，他发现一位老人砍竹子准备做竹扇。他很好奇地学起做扇子，他花了很长的时间，很有耐心地完成了他人生中第一件工具——一把竹扇。后来，他又自己琢磨，编成了一个篮子。有一天，他的妈妈想要一个篮子来装鸡蛋，李远哲把他自己完成的竹篮交给妈妈时，他的妈妈简直不敢相信：这个篮子是他这个又顽皮又好动的儿子做出来的。

李远哲还喜欢动手修理各种机械。有一次，他去一个地方演讲，结果现场的音响系统坏了，主办单位的人急忙四处找人来修。没想到他却不慌不忙地从皮箱里掏出一把螺丝刀来修理，他专心地找到了出问题的地方，20 分钟后，他把音响修好了。台下的观众都报以热烈的掌声。他可以亲手制造和修理试验室内的各种工具，使他所设计的仪器永远比别人更精密、更准确。他在美国设计的分子束仪器，可以测量出分子的化学反应，从而得到了诺贝尔化学奖。

李远哲主要从事化学动态学的研究，在化学动力学、动态学、分子束及光化学方面贡献卓著。有一段时期，李远哲几乎每天工作十五六个小时，自己设计，自己动手，殚精竭虑地把一台交叉分子束实验装置建立了起来。他的导师赫希巴哈看后感叹地说："这么复杂的装置，大概只有中国人才能做出来。"他称赞李远哲是"化学中的莫扎特"。他说他把李远哲比作乐圣莫扎特，不仅因为李远哲是一位早熟的天才，而且因为李远哲同莫扎特一样"准确"。

1986 年李远哲因"发明了交叉分子束方法使详细了解化学反应的过程成为可能，为研究化学新领域——反应动力学——做出贡献"而获得诺贝尔化学奖。

在随后的年代，李远哲的科学研究硕果累累，研究领域得到扩展。他的具有世界领先水平的实验室装备有 7 台极先进的分子束装置，专用于解决与反应动力学、光化学过程及分子光谱测定有关的问题，吸引了世界各地的知名科学家前往从事合作研究。

李远哲始终关心祖国的科学与教育的发展，每年回国多次，奔波于海峡两岸，主持学术讲习，参加学术会议，尤其对中央研究院原子分子研究所的筹建，更是注入大量心血。20 世纪 90 年代中期，李远哲回国接受中研院院长之重担，同时放弃美国国籍，全力推进中国科研发展。

点评

独特的思维方式，准确的研究能力，这些才是李远哲成功的秘密。任何问题都不会只有一种答案，勇于探索，不断尝试，你才有可能发现新天地。

化学药剂师格劳贝尔

格劳贝尔，德意志化学家和药物学家。

格劳贝尔，第一个提出盐是在酸与碱作用下形成的清楚概念，认识到所有盐都包含酸和碱的组成部分；提出“亲合力”观点，认为加热氯化铵和氧化锌时，氧化锌同酸化合，是因为氧化锌有较大亲合力，能把氨释放出来；在维也纳矿泉水中发现“奇盐”，即硫酸钠；发现食盐与硫酸混合产生硫酸钠，当时被称为“格劳贝尔盐”，并首次作为泻药使用，后竟成为“万应灵药”；发明用无水硫酸钠除去过油类和无机酸中的水分；认识到所有汞化合物都有毒；改进和发明各种类型蒸馏器和炉子……

格劳贝尔童年受教育很少，在德国各地奔走谋生，主要从事药物制造和出售，并在工作中获取知识，自修化学。虽然格劳贝尔没有受过专业、系统的教育，不是科班出身，但他的研究和发现运用到生产中后，为农业、医学、工业制造等各行业做出了巨大贡献，而他的研究兴趣却是从一件很偶然的事情开始的。

格劳贝尔年轻的时候，有一次，他要逃难去维也纳谋生。可是，漂泊不定的生活使他的身体极度虚弱，在穿过一片茂密的古林时，他病倒了。有一位好心的僧人把栽倒在路边草丛中的他救回了家。

当他醒来时，一支随风摇晃的残烛伴着他，小草屋里几乎是一贫如洗。

“我怎么会来这儿呢?”

“你病得很重，我的孩子。当我们发现你的时候，你正人事不知地躺在路边。”一位穿袈裟的白发老人回答了他。

“那么您是什么人?”

“我是僧人，是出家人。小伙子，你打算去哪儿?”

“我是个做镜子的匠人，现在孤身一人，到处流浪。想去维也纳找个差使，挣钱糊口。”

“到维也纳还远，你现在病成这个样子，先住下来再说吧。”

格劳贝尔刚想说声感谢，却又晕眩过去。

老人采集了许多草药，但仍治不好格劳贝尔。老人告诉他，他得的是斑疹伤寒病，这种病人身上会出现斑疹，浑身发烧，头发脱落……不过，听人说在诺埃施塔特的葡萄园里，有一种泉水能治这种病，说不准喝一些泉水能治好这种病。

于是，一个饱经沧桑的老人和一个身患病痛的青年，就那么艰难地向传说中的“圣水”进发。经过一天两夜，他们终于到达。老人一舀一舀地给格劳贝尔盛着“圣水”，一月后，他居然奇迹般痊愈了。

格劳贝尔思忖着，这种泉水竟然蕴藏着这样神奇的功效！多么神秘的东西呀！究竟包含着什么成分呢？他百思不得其解。但他却不想放弃，暗下决心一定要弄清楚那泉水到底怎么会成为“圣水”，就像那位好心的僧人帮助自己一样，学习医术，用“圣水”、用自己的知识帮助更多的人解除苦痛。

从这一刻开始，格劳贝尔开始了他漫长的自学之旅。他先后在萨尔斯堡、卡塞尔、巴黎、汉诺城、黑森等城市的药房工作求艺，学得了一手高超的技艺。后来，他有了自己专门的实验室，开始自己配制药品，并进行实验。经过反复实验，他用绿矾石（硫酸铁）制成了浓硫酸，又以此制得了“蓝矾”和“白矾”。从此，他又发明了一系列的药品。当然，他也终于弄清楚了“圣水”起死回生的功效所在，并从中分离出一种“神奇的盐”，拯救了一大批患者。

17 世纪 60 年代初，56 岁的格劳贝尔双腿开始麻痹，面部也变得铁青蜡黄，实验室的工作最终停了下来，助手们也接二连三地走了，只剩下孤独的老人。8 年后，格劳贝尔在孤独寂寞中告别了人世。

格劳贝尔对自己严格要求，扎扎实实地打下基础，一生乐于助人。在他自己整理的文集和资料中，他曾写下："要我说，无论是伙计、技师，还是学者都该是高尚的助他的人。为此，就得寻求探索，不管命运如何，都能悟出求索的价值。世上有太多有用的东西，尽管去寻找吧！那就是科学！"

点评

格劳贝尔的一生，可以说是艰难曲折的一生，漂泊动荡的一生。即使在这样的恶劣条件下，他仍坚持研究，取得了杰出的成就，真是令人深感敬佩。但人们的尊敬不仅仅因为他是一位伟大的科学家，更是因为他伟大的人格。

化学开山祖师——波义耳

恩格斯赞扬英国科学家罗伯特·波义耳，说他是“把化学确立为科学”的伟大人物，原因是他于1661年发表的著作《怀疑派化学家》对化学发展产生了重大影响，奠定了化学的基础。同时，化学史家也都把这一年作为近代化学的开始年代。那么，波义耳是怎样一位科学家？在发展化学科学上做出了哪些突出的贡献呢？为什么会得到这么高的评价和地位呢？

波义耳生于爱尔兰利兹莫城的一个贵族家庭。当时的英国正处于资产阶级革命时期，同时，近代科学也开始萌芽并出现。近代科学伟人如物理学家牛顿、意大利的伽利略、德国的开普勒、法国的笛卡儿都生活在这一时期。可以说，波义耳生活在一个巨人辈出的时代，这使他能够站在巨人的肩膀上，高瞻远瞩，做出重大发现。

家境优裕为他的学习和日后的科学研究提供了较好的物质条件。童年时，他并不显得特别聪明，他很安静，说话还有点口吃。但是比起他的兄长们，他却是最好学的。他酷爱读书，常常书不离手。8岁时，父亲将他送到伦敦郊区的伊顿公学学习，3年之后他到当时欧洲的教育中心日内瓦度过了两年。在这里他学习了法语、实用数学和艺术等课程。1641年，波义耳又在家庭教师的陪同下，游历欧洲，年底到达意大利。旅途中即使骑在马背上，波义耳仍然是手不释卷。就在意大利，他阅读了伽利略的名著《关于两大世界体系的对话》。这本书给他留下了深刻的印象，他对伽利略本人更是推崇备至。

17世纪中期，他父亲在一次战役中死去。家庭情况的突变，经济来源的中断，使波义耳回到战乱的英国。在伦敦，他结识了科学教育家哈特利伯，哈特利伯鼓励他学习医学和农业。当时的医生都是自己配制药物，所以研究医学也必须研制药物和做实验，这就使波义耳对化学实验产生了浓厚的兴趣。

为了研究医学，波义耳翻阅了医药化学家的许多著作，同时为自己创造了一个实验室，整日浑身沾满煤灰和烟，完全沉浸于实验之中。

和当时的许多科学家一样，波义耳首先研究的对象是空气。通过对空气物理性质的研究，特别是真空实验，他认识到真空所产生的吸力乃是空气的压力。他做了一系列实验来考察空气的压力和体积的关系，并推导出空气的压力和它所占体积之间的数学关系。在他的著作《关于空气弹性及其物理力学的新实验》中，他明确提出："空气的弹性和它的体积成反比。"法国物理学家马略特在此后 15 年也根据实验，独立地提出这一发现。所以后人把关于气体体积随压强而改变的这一规律称作波义耳一马略特定律。这一定律用当今较精确的科学语言应表述为：一定质量的气体在温度不变时，其压强和体积成反比。

在化学实验中，波义耳读了不少前人的有关著作，也了解到当时的一些科研成果。这不仅开阔了他的眼界，丰富了他的思想，同时也为他整个实验的安排提供了指导，使他认识到化学在工业生产中所具有的广泛意义，化学不应只限于制造医药，而应成为对整个工业和科学都有着重要作用的科学。为此，他认为有必要重新来认识化学，但首先要讨论的是什么是化学。

波义耳根据自己的实践和对众多资料的研究，主张化学研究的目的在于认识物体的本性，因而需要进行专门的试验，收集观察到的事实。这样就必须使化学摆脱从属于炼金术或医药学的地位，发展成为一门专为探索自然界本质的独立科学。为了引起人们的重视，他进一步强调指出："化学到目前为止，还是被认为只在制造医药和工业品方面具有价值。但是，我们所学的化学，绝不是医学或药学的婢女，也不应甘当工艺和冶金的奴仆，化学本身作为自然科学中的一个独立部分，是探索宇宙奥秘的一个方面。化学，必须是为真理而追求真理的化学。"这就是波义耳在《怀疑派化学家》中所阐述的第一个观点——化学应成为一门独立的学科。

为了确定科学的化学，波义耳考虑到首先要解决化学中一个最基本的概念：元素。古希腊哲学家柏拉图认为万物之源有 4 种基本要素：火、水、气、土，亚里士多德则进一步明确提出构成万物的四元素说。后来医药化学家提出的硫、汞、盐的三要素理论也风靡一时。波义耳通过一系列实验，对这些传统的元素观产生了怀疑。他指出：这些传统的元素，实际未必就是真正的元素。因为许多物质，比如黄金就不含这些“元素”，也不能从黄金中分解出硫、汞、盐等任何一种元素。恰恰相反，这些元素中的盐却可被分解。

那么，什么是元素？波义耳认为：只有那些不能用化学方法再分解的简单物质才是元素。例如黄金，虽然可以同其他金属一起制成合金，或溶解于王水之中而隐蔽起来，但是仍可设法恢复其原形，重新得到黄金。元素的定义应是具有相同电荷数的同一类原子的总称。这样，波义耳确立了化学最基本的概念——元素的含义。

至于自然界元素的数目，波义耳认为：作为万物之源的元素，一定会有许多种。

现在看来，波义耳的元素概念实质上与单质的概念差不多。这种科学认识是直到 20 世纪初才清楚的。这就使化学第一次明确了自己的研究对象。

同时，在《怀疑派化学家》一书中，波义耳还强调了实验方法和对自然界的观察是科学思维的基础，提出了化学发展的科学途径。波义耳深刻地领会了培根重视科学实验的思想，他反复强调：“化学，为了完成其光荣而又庄严的使命，必须抛弃古代传统的思辨方法，而像物理学那样，立足于严密的实验基础之上。”波义耳正是这样身体力行的。波义耳把这些新观点新思想带进化学，解决了当时化学在理论上所面临的一系列问题，因此，我们说，波义耳的《怀疑派化学家》可以作为近代化学的开始，他本人也被人们称为化学科学的“开山祖师”。

在波义耳众多的科研成果中，还有几项不可磨灭的化学成就。波义耳常说，要想做好实验，就要敏于观察。这几项成就都是实验中敏锐观察的结果。

在一次偶然的试验中，波义耳发现五信子水浸液和铁盐在一起，会生成一种不会沉淀的黑色溶液，这种黑色溶液久不变色。由此他发明了制取黑墨水的方法，这种墨水几乎用了一个世纪。

在实验中，波义耳还发现，从硝酸银中沉淀出来的白色物质，如果暴露在空气中，就会变成黑色。这一发现，为后来人们把硝酸银、氯化银、溴化银用于照相术上，做了先导性工作。

晚年的波义耳在制取磷元素和研究磷、磷化物方面也取得了成果，他根据"磷的重要成分乃是人身上的某种东西"的观点，努力钻研，终于从动物尿液中提取了磷。经进一步研究后，他指出：磷只在空气存在时才发光；磷在空气中燃烧形成白烟，这种白烟很快和水发生作用，形成的溶液呈酸性，这就是磷酸，把磷与强碱一起加热，会得到某种气体（磷化氢），这种气体与空气接触就燃烧起来，并形成缕缕白烟。这是当时关于磷元素性质的最早介绍。

波义耳之所以取得这么大的成就，都是因为他勤奋学习、多做实验。

点评

环境对人的成功也是有很重要的作用的。波义耳之所以取得这么大的成就，就是因为他生活在近代科学的萌芽时期，这就使他能够站在巨人的肩膀上，看得更高，望得更远。

卡文迪许的故事

在化学史上，人们把“氢元素的发现”与“发现和证明了水是氢和氧的化合物”这两项重大成就，主要归功于英国化学家和物理学家卡文迪许。

卡文迪许出生在英国一个贵族家庭。父亲是德文郡公爵二世的第五个儿子，母亲是肯特郡公爵的第四个女儿。早年卡文迪许从叔伯那里承接了大宗遗赠，父亲逝世后，又给他留下大笔遗产。这样他的资产超过了130万英镑，成为英国的巨富之一。

尽管家资万贯，他的生活却非常俭朴。他身上穿的永远是几套过时陈旧的绅士服。他吃得也很简单，就是在家待客，照样是羊腿一只。许多人都说，卡文迪许是18世纪英国有学问人中最富者、有钱人中最有学问者。这的确毫不夸张。

这些钱该怎么用，卡文迪许从没有考虑过。有一次，经朋友介绍，一老翁前来帮助他整理图书。此老翁穷困可怜，朋友本希望卡文迪许给他较厚的酬金。哪知工作完后，酬金一事卡文迪许一字未提。事后那朋友告诉卡文迪许，这老翁已穷困潦倒，请他帮助。卡文迪许惊奇地问：“我能帮助他什么?”朋友说：“给他一点生活费用。”卡文迪许急忙从口袋掏出支票，边写边问：“2万镑够吗?”朋友吃惊地叫起来：“太多，太多了!”可是支票已写好。由此可见，钱的概念在卡文迪许的头脑中是很淡薄的。

在当时，贵族的社交生活花天酒地，卡文迪许却从不涉足。他只参加一种聚会，那就是皇家学会的科学家聚会。目的很明确：为了增进知识，了解科学动态。当时的目击者是这样描述的：卡文迪许来参加聚会时，总是低着头，屈着身，双手搭在背后，悄悄地进入室内，然后脱下帽子，一声不响地找个地方坐下，对别人都不理会。若有人向他打招呼，他会立即面红耳赤，羞涩不堪。

有一次聚会是一位会员做实验示范。这位会员在讲解中发现，一个穿着旧衣服、面容枯槁的老头，紧挨在身边认真听讲。当他看了他一眼，老头急忙逃开，躲在他人身后。过一会儿，这老头又悄悄地挤进前面注意地听讲。这奇怪的老头正是卡文迪许。

许多熟人都知道卡文迪许性情孤僻，不喜欢与人谈话。在他的朋友中，能与卡文迪许交谈的没有几个人。化学家武拉斯顿算是其中一个，他总结了一条经验："与卡文迪许交谈，千万不要看他，而要把头仰起，两眼望着天，就像对空谈话一样，这样才能听到他的一些见解。"就是这样，卡文迪许的话也不多，他沉默寡言得出奇，在同龄人中，可能是话说得最少的人了。

这种怪僻性格的形成与他从小生长的环境有一定关系。他两岁时，母亲因生育他弟弟而病逝，从此他失去了母爱。他父亲忙于社交活动，将他交由保姆看管，与外界极少往来。直到11岁才被送入一所专收贵族子弟的学校，在学校里他仍然很少与别人交往，这就使他显得特别孤独、羞怯。

由于这种古怪的性格，卡文迪许长期深居独处，整天埋头在他科学研究的小天地里。他把他家的部分房子进行了改造：一所公馆改为实验室，一处住宅改为公用图书馆，把自家丰富的藏书供大家使用，父亲死后，他又将他的实验基地搬到乡下的别墅。将别墅富丽堂皇的装饰全部拆去，大客厅变成实验室，楼上卧室变成观象台。甚至在宅前的草地上竖起一个架子，以便攀上大树去观测星象。至于践踏了哪些名贵的花草，他毫不在乎。这些都表明，对于科学研究他简直像着了魔一样。

在社交生活中，他沉默寡言，显得很孤僻，然而在科学研究中，他思路开阔，兴趣广泛，显得异常活跃，上至天文气象，下至地质采矿、抽象的数学、具体的冶金工艺，他都进行过探讨，特别在化学和物理学的研究中，他有极高的造诣，取得许多重要的成果。

在18世纪末以前，曾经有不少人做过制取氢气的实验，实际上很难说是谁发现了氢，卡文迪许对氢的发现和研究做出了很大贡献。

18世纪60年代中期，卡文迪许向英国皇家学会提交了一篇研究报告《人造空气实验》，讲了他用铁、锌等与稀硫酸、稀盐酸作用制得"易燃空气"（即氢气）。他发现一定量的某种金属分别与足量的各种酸作用，所产生的这种气体的量是固定的，与酸的种类、浓度都无关。他还发现氢气与空气混合后点燃会发生爆炸；又发现氢气与氧气化合生成水，从而认识到这种气体和其他已知的各种气体都不同。

他弄清楚了气球在空气中所受浮力问题，通过精确研究，证明氢气是有重量的，只是比空气轻很多。他是这样做实验的：先把金属和装有酸的烧瓶称重，然后将金属投入酸中，用排水集气法收集氢气并测体积，再称量反应后烧瓶及内装物的总量。这样他确定了氢气的密度只是空气的9%。

从这个故事中可看出卡文迪许严谨的科研作风和他对化学的重大贡献。一百多年后，剑桥大学建立了一座物理实验室，以卡文迪许的名字命名，这就是著名的卡文迪许实验室，它在几十年内，一直是世界现代物理学的一个重要研究中心。

卡文迪许于1767年发表的一篇论文也引人瞩目。这篇文章介绍了他关于水和固定空气（即“二氧化碳”）的实验。将一个深水井的井水煮沸，发现有固定空气逸出，同时产生白色沉淀。他认为白色沉淀和固定空气原先都是溶于水的，它们可能是溶于水中的石灰质。为了证明这一看法，他在清澈的石灰水中通入固定空气，开始时产生乳白色沉淀，继续通入固定空气后，沉淀复又溶解，溶液再次澄清透亮。这时他将这溶液煮沸，立刻就像井水那样释放出固定空气并产生白色沉淀。

卡文迪许的这一实验和他的解释使人们认清了一个常见的自然现象——喀斯特地貌。在石灰岩遍布的地区，含有二氧化碳的雨水或泉水流经石灰岩地层，慢慢地溶解部分石灰石，形成重碳酸盐溶液。这些溶液在石岩中缓慢下滴时，可能因温度变化或水汽蒸发，二氧化碳乘机逸去，碳酸钙结晶析出，日积月累，逐渐形成了石钟、石乳、石笋等奇特的景象。这样，喀斯特地形构造有了科学的解释。

卡文迪许从事科研不图名、不图利。当许多人推崇他发现氢气时，他谦逊地说：“这事早有别人注意到了。”

点评

怎样对待金钱是一个重大的问题。青少年应当学习卡文迪许对待金钱的态度。在对待金钱和名誉的问题上要冷静思索，明白自己想要的是什么。

气体化学之父

约瑟夫·普利斯特里，18世纪英国著名的化学家。在制取出氧气之前，他就制得了氨、二氧化硫、二氧化氮等许多气体，所以被人们称为“气体化学之父”。

普利斯特里刻苦好学，兴趣广泛。他曾自学过古文、数学、自然哲学导论等知识，这些知识使他形成了善于独立思考的性格。18岁那年，由于经常与基督教的牧师来往，他遭到了姑母的激烈责备。从此，他成了家庭的叛逆者。

普利斯特里的妻子是当时英格兰最大的铁器制造商艾萨克的女儿，结婚后，普利斯特里仍然专心地埋头科学研究。后来，由于他们的儿女先后出世，家庭经济负担加重。加上各教派之间的矛盾日益尖锐，普利斯特里放弃了教师职业，当上了牧师，家庭收入虽增加不多，但他却有了更多的空闲时间自由地从事科学研究和著书立说。

有一次，普利斯特里偶然遇到了美国科学家富兰克林。富兰克林向他讲述了自然科学方面许多有趣的问题，一下子吸引了他。从此，普利斯特里开始对自然科学发生兴趣。他常常在空闲的时候，做着各种化学实验。特别是在英国舍尔伯恩伯爵的图书馆工作的期间，他阅读了不少自然科学方面的著作，这使他更加爱上了化学。

18世纪70年代初的一天，普利斯特里在一个密闭的瓶子里放进一支点着了的蜡烛，蜡烛很快就熄灭了。接着，他又往瓶里放进一束带着绿叶的薄荷枝。10天后，他重新再往瓶里放进一支点燃了的蜡烛，蜡烛竟能够燃烧。

于是，普利斯特里又做了另一个实验：在两个密闭的瓶子里都插进点燃了的蜡烛，待它熄灭之后，在一个瓶里放进薄荷枝，而另一个瓶子里什么也不放。经过几天，当他再把点燃了的蜡烛放进去时，放了薄荷枝的瓶里的蜡烛能继续燃烧着，而在另一个没有放薄荷枝的瓶里，蜡烛刚一伸进去，立即熄灭了。

这究竟是怎么回事儿呢？普利斯特里对这个奇怪的现象很感兴趣。于是，他便开始钻研这个问题。

偶然一次机会，他得到了一个大型凸透镜（火镜），开始研究某些物质在凸透镜聚光产生的高温下放出的各种气体。他研究的物质中有“红色沉淀物”（氧化汞）和“汞灰”（亦称水银烧渣）。普利斯特里把氧化汞放置在玻璃钟罩内的水银面上，用一个直径30厘米、焦距为50厘米的火镜将阳光聚集在氧化汞上。很快他就发现氧化汞被分解了，放出一种气体，将玻璃罩内的水银排挤出来。他以排水集气法把这种气体收集起来，然后研究其性质。发现蜡烛会在这种空气中燃烧，火焰非常明亮。同时，普利斯特里还把一只小老鼠放到充满这种气体的瓶子里，小老鼠在瓶子里显得挺快活，挺自在！

“老鼠既然在这气体里能舒舒服服地生活，我自己也要亲自来试试看！”普利斯特里在论文中写道：“我用玻璃管从一个大瓶里吸进这种气体到肺中，我竟觉得十分愉快。我的肺部在当时的感觉，好像和平常呼吸空气时没有什么区别，但是，我自从吸进这气体后，觉得经过好久，身心还是十分轻快舒畅。唉，又有谁知道，这种气体在将来会不会变成时髦的奢侈品呢？不过，现在世界上享受到这种气体的快乐的，只有一只老鼠和我自己！”

普利斯特里把自己新发现的气体命名为“失燃素的空气”——这也就是现在我们所称的“氧气”。

纵观普利斯特里的一生，他37岁起研究气体化学，直到去世。他曾分离并论述过的大批气体，数目之多超过了与他同时代的任何人。可以说他是18世纪下半叶的一位业余化学大师。他发明了带有酸味的“气水”。他的《用排水集气法收集“空气”》一书，深受读者欢迎，非常畅销，当年就被译成法文。普利斯特里因此名扬世界，并荣获英国皇家学会的铜质奖章。

普利斯特里对气体化学的研究成果，一是以其强烈的求知欲与非凡的勤奋态度为基础的，二是得益于他自己精湛的实验技能。为此，皇家学会曾授予他卡普里奖。他出版过巨著《关于种种空气的实验与观察》。以后他的研究成果又汇集于《与自然科学各个部门有关的实验与观察》一书。

19世纪初，普利斯特里逝于美国宾夕法尼亚州的诺赞巴兰镇，终年71岁。普利斯特里一生主要靠自学成为一位化学大师，其刻苦奋勉精神，堪称今人之典范。

点评

许多化学家的品质除了刻苦好学和兴趣广泛之外，往往还有一个共同的特点——善于独立思考。这个特质使化学家不为原有的理论所限制，并做出卓越的成就。在当今纷繁复杂的社会，独立思考的能力对青少年同样重要。

勇于尝试剧毒的舍勒

卡尔·威尔海姆·舍勒是瑞典著名化学家，氧气的发现人之一，同时对氯化氢、一氧化碳、二氧化碳、二氧化氮等多种气体都有深入的研究。舍勒一生完成了近1 000个实验，因吸过有毒的氯气和其他气体，身体受到严重伤害，人们在他的笔记中发现，他还亲口尝过有剧毒的氢氰酸，他记录了："这种物质气味奇特，但并不讨厌，味道微甜，使嘴发热，刺激舌头。"这种亲尝剧毒品的记载，平静得令人吃惊。

舍勒生于瑞典的斯特拉尔松。由于经济上的困难，舍勒只勉强上完小学，年仅14岁就到哥德堡的班特利药店当了小学徒。舍勒在工作之余勤奋自学，他如饥似渴地读了当时流行的制药化学著作。

同时他自己动手，制造了许多实验仪器，晚上在自己的房间里做各种各样的实验。他曾因一次小型的实验爆炸，引起药店同事的许多非议。舍勒在药店里边工作，边学习，边实验。经过近8年的努力，他的知识和才干大有长进，从一个只有小学文化的学徒，成长为一位知识渊博、技术熟练的药剂师。

读书对舍勒启发很大。他认为真正的财富并不是金钱，而是知识和书籍。因此，他特别注意收藏图书，每月的收入除了吃穿用，剩下的几乎全部用来买书，他买了近40卷化学藏书。他曾回忆说，我从前人的著作中学会很多新奇的思想和实验技术，尤其是孔克尔的《化学实验大全》，给我的启示最大。

实验使舍勒探测到许多化学的奥秘，据考证，舍勒的实验记录有数百万字，而且在实验中，他创造了许多仪器和方法，并就此提出了自己的看法。舍勒的好友莱茨柯斯说："舍勒的天才完全用于实验科学，他有惊人的记忆力和理解力，但似乎他只记住与化学有关的事情，他把许多事情都与化学联系起来加以说明，他有化学家独特的思考方式。"

33岁时，舍勒几经辗转，来到科平城，在寻找工作时发现科平城有一所位置和规模都很理想的药店，药店的主人波耳已经去世，波耳的遗孀不懂药店业务，不善经营，已经负债颇巨。舍勒受雇于药店后，改善了药店的经营管理，又亲自研制和生产了许多新药，药店很快就兴旺起来了。这样，波耳的遗孀妮古娅对舍勒十分满意，在她眼里，舍勒简直就像上帝一样神奇伟大，因此，她主动把药店全部转让给舍勒，希望他使药店继续兴旺，舍勒也很高兴地接受了这个建议。

舍勒的研究涉及化学的各个分支，在无机化学、矿物化学、分析化学，甚至有机化学、生物化学等诸多方面，他都做出了出色贡献。

舍勒最重要的贡献是发现了氧，并对氧气的性质做了很深入的研究。

同时他还发现了砷酸、钼酸、钨酸、亚硝酸，他研究过从骨骼中提取磷的办法，还合成过氰化物，发现了砷酸铜的染色作用，后来很长一段时间里，人们把砷酸铜作为一种绿色染料，并把它称为“舍勒绿”。

舍勒还是近代有机化学的奠基人之一。他证明了植物中含有酒石酸。舍勒还从柠檬中制取出柠檬酸的结晶，从肾结石中制取出尿酸，从苹果中发现了苹果酸，从酸牛奶中发现了乳酸，还提纯过没食子酸。统计表明，舍勒一共研究过 21 种水果和浆果的化学成分，探索过蛋白质、蛋黄、各种动物血的化学成分。

舍勒还研究过许多矿物，如石墨矿、二硫化铜矿等，提出了有效鉴别矿物的方法。他在研究萤石矿时，发现了氢氟酸。同时探索了氟化硅的性质，他还测定过软锰矿（二氧化锰）的性质，证明软锰矿是一种强氧化剂。

18 世纪 80 年代中期，舍勒因严重的风湿病去世，年仅 43 岁。在他的墓地前立有一块朴素的方形墓碑，碑上的浮雕是一位健美男子，高擎着一把燃烧的火炬。这个墓碑形象地反映了舍勒勤奋刻苦的一生。就像他自己所说：“化学这种尊贵的学问，乃是我一生奋斗的目标。”

点评

为了化学研究，化学家往往不顾自身的性命，舍勒就是这样的一个人。他亲自尝试剧毒物质，尽管会使自己的身体受到严重伤害。他的这种为科学奉献的精神值得青少年学习。

燃素说的推翻者——拉瓦锡

安东·尼罗朗·拉瓦锡，18世纪法国著名化学家，氧气的发现者。

安东·尼罗朗·拉瓦锡，出生于巴黎一个富裕的律师家庭。11岁时，他进入当时巴黎的名牌学校——马沙兰学校，后来升入政法大学，21岁毕业并取得律师的资格。在大学里他已对自然科学产生了浓厚的兴趣，主动学习数学、天文学、植物学、地质矿物学和化学。

35岁时，他成为法国皇家科学院18名正式会员之一。也是从那年开始，他逐渐地取得了化学研究上的重大突破，步入化学家的行列，成为科学界的一位新星。

初进法国皇家科学院，拉瓦锡选择的一个研究课题是验证水能否变成土。在当时，许多人都相信水能变成土。亚里士多德的“四元素说”中就有水土互变的提法。17世纪比利时化学家海尔蒙特曾以栽柳树的实验（海尔蒙特将一棵柳树栽入一个土盆中，盆中的土是经过烘干称重的。除了经常给树淋水之外，不给树提供其他营养。5年后，柳树长成大树了。泥土经烘干，重量并没有减少。于是他认为柳树长大所增加的重重，只来源于水，因此水能转变为土，并为树所吸收）来支持这一观点。人们也时常发现在容器中煮沸水，时间长了总会有沉淀物生成。

拉瓦锡对这一观点表示怀疑，为此他设计了一个验证实验。他采用一种欧洲炼金术中使用过的很特别的蒸馏器。这种蒸馏器能使蒸馏物被反复蒸馏。他将蒸馏器称重，然后加入一定重量的经3次蒸馏后的蒸馏水。密封后点火加热，保持微热，同时进行观察。两周过去了，水还是清的。第三周，水开始出现很小一点固体，随后慢慢变大。第八周，固体因增长而沉淀下来。就这样连续加热了101天，蒸馏器中的确产生了固体沉淀物，冷却后，他首先称了总重量，发现总重量与加热前相比没有变化。后来他又分别对水、沉淀物、蒸馏器进行称量，结果是水的重量没变，沉淀物的重量恰好等于蒸馏器所减少的重量。据此拉瓦锡著写论文，驳斥了水转化为土的谬说。

氧气的发现是对拉瓦锡勤于思考、勇于探索的钻研精神的馈赠。其实，在此之前，已经有两位科学家触到了氧气的鼻尖，令人遗憾的是，囿于传统理论的束缚，他们都半途而废，从而将掀开氧气面纱的殊荣让给了拉瓦锡。

瑞典化学家舍勒在拉瓦锡以前，就通过实验制取了纯净的氧气。但是，作为“燃素学说”的忠实信徒，他错误地把这种气体叫“火气”，并且认为燃烧是火气与燃烧物中的燃素结合的过程，火和热是火气与燃素化合的产物，从而未能正确地解释燃烧现象。

几乎与此同时，英国化学家普利斯特里也通过实验制取了这种气体。他把蜡烛放在这种气体中，发现火焰比在空气中更加炽热明亮。他还把老鼠放进去，发现它比在等体积的寻常空气中活的时间约长了 4 倍。他亲自尝试吸了一下，便“觉得这种空气使呼吸轻快了许多，使人感到格外舒畅”，但他没有继续研究。

当科学的珍珠出现在舍勒和普利斯特里眼前的时候，他们没有鉴别出来，与机遇女神失之交臂。

于是机遇女神青睐的目光投向了拉瓦锡。他发现“燃素学说”存在着许许多多的破绽。比如，既然金属在煅烧中逸出燃素，那为什么质量反倒增加呢？而蜡烛呢，燃烧之后，竟一无所剩，似乎全部消失了。

为了弄清事实的真相，拉瓦锡开始了严格的实验。他首先仔细地称量了装有空气和固态物质的密闭容器，然后用放大透镜将阳光聚集在物质上，或者用火加热。当物质燃烧完后，再重新称量装有反应物的容器。他用各种不同的物质反复进行实验，结果都表明，密封容器的重量在燃烧前后都不变。

这是什么原因呢？拉瓦锡的大脑开始了紧张的思索。后来他终于得出结论：原来在没有密封的燃烧当中，空气中有一种新的气体物质元素参与了反应，使得物质燃烧前后重量不一。随后，他对这种新的气体元素的本质进行了认真的考察，确认这种元素除了助燃、助呼吸外，还能与许多非金属物质结合生成各种酸，为此他把这种元素命名为酸素，现在氧元素的化学符号 O 就是来源于希腊文酸素“oxygene”。

对氧气作系统研究后，拉瓦锡明确地指出：空气本身不是元素，而是混合物，它主要由氧气和氮气组成。他进而提出，燃烧过程在任何情况下，都是可燃物质与氧的化合，可燃物质在燃烧过程中吸收了氧而增重。拉瓦锡关于燃烧的氧化学说终于使人们认清了燃烧的本质，统一地解释了许多化学反应的实验事实，为化学发展奠定了重要的基础。

之后，拉瓦锡开始对燃烧现象进行研究。

在这以前，波义耳曾对几种金属进行过煅烧实验，他认为金属在煅烧后的增重是因为存在火微粒。在燃烧中，火微粒穿过器壁而与金属结合。

德国化学家斯塔尔也进行了类似的实验。他认为金属在煅烧中放出了燃素。斯塔尔将有关燃素的观点系统化，并以此来解释当时已知的化学现象。由于燃素说的解释较过去的说法合理，很快被化学家所接受，成为18世纪占统治地位的化学理论。尽管一些实验研究的进展已披露了燃素说与实验事实的矛盾，但多数化学家还是设法调和这一矛盾，以维护燃素说。

18世纪70年代的一个秋天，拉瓦锡称量了定量的白磷，使之燃烧、冷却后又称量灰烬（P_2O_5）的质量，发现质量竟然增加了！他又燃烧硫黄，同样发现灰烬的质量大于硫黄的质量。他想这一定是什么气体被白磷和硫黄吸收了。于是他又改进实验方法：将白磷放入一个钟罩里，钟罩里留有一部分空气，钟罩里的空气用管子连接一个水银柱，用来测定空气的压力。加热到40℃时，白磷就迅速燃烧，水银柱上升。拉瓦锡还发现28.3克(1盎司)的白磷大约可得到76.5克（2.7盎司）的白色灰烬（即六氧化四磷)，增加的重量和所消耗的1/5容积的空气重量基本接近。

拉瓦锡的发现和当时的燃素学说是相悖的。燃素学说认为燃烧是分解过程，燃烧产物应该比可燃物质量轻。他把实验结果写成论文，交给法国科学院。

从此他做了很多实验来证明燃素说的错误。他在实验记录本上写到：“我所做的实验使物理和化学发生了根本的变化。”他将新化学命名为“反燃素化学”。

拉瓦锡批判燃素学说：“化学家从燃素说只能得出模糊的要素，它十分不确定，因此可以用来任意地解释各种事物。有时这一要素是有重量的，有时又没有重量；有时它是自由之火，有时又说它与土素相化合成火；有时说它能透过容器壁的微孔，有时又说它不能透过；它能同时用来解释碱性和非碱性、透明性和非透明性、有颜色和无色。它真是只变色虫，每时每刻都在改变它的面貌。”

拉瓦锡向法国科学院提交了划时代的《燃烧概论》，系统地阐述了燃烧的氧化学说，将燃素说倒立的化学给正立过来。这本书后来被翻译成多国语言，逐渐扫清了燃素说的影响。化学自此切断了与古代炼丹术的联系，揭掉神秘和臆测的面纱，取而代之的是科学实验和定量研究。化学由此进入定量化学即近代化学时期。因此称拉瓦锡是近代化学的奠基者。

拉瓦锡对化学的另一个贡献便是从实验的角度验证并总结了质量守恒定律。

早在拉瓦锡出生前后，多才多艺的俄罗斯科学家罗蒙诺索夫就提出了质量守恒定律，但没有得到广泛的传播。

拉瓦锡用硫酸和石灰合成了石膏，当他加热石膏时放出了水蒸气。拉瓦锡用天平仔细称量了不同温度下石膏失去水蒸气的质量。他的导师鲁伊勒把失去的水蒸气称为“结晶水”，从此就多了一个化学名词——结晶水。这次意外的成功使拉瓦锡养成了经常使用天平的习惯，由此，他总结出质量守恒定律，并成为他进行实验、思维和计算的基础。拉瓦锡指出：“由于人工的或天然的操作不能无中生有地创造任何东西，所以每一次操作中，操作前后存在的物质总量相等，且其要素的质与量保持不变，只是发生更换和变形，这可以看成是公理。”这番话体现了“物质不灭定律”的基本精神。

拉瓦锡的思想超越了他同时代的人，因为他不仅注意到了物质在化学反应中性质的变化，而且注意到了数量上的变化，从而使得化学科学割断了与古代炼金术的最后一根纽带，以一种崭新的面目蓬勃发展起来。

法国大革命爆发后，拉瓦锡被诬陷犯有叛国罪，并处以绞刑。著名的法籍意大利数学家拉格朗日痛心地说：“他们可以一瞬间把他的头割下，而他那样的头脑一百年也许长不出一个来。”

点评

在我们的生活中经常听到各种各样的规则，接受着权威们的评价和解说，我们总是认为那是正确无误的。实际上，权威的言论和结论不一定都是正确的。拉瓦锡的化学成就的取得就源于对权威的挑战。我们青少年应该学会用自己的眼睛观察这个世界。

近代原子论的提出者——道尔顿

恩格斯曾指出："在化学中，特别感谢道尔顿发现了原子论，已达到的各种结果都具有了秩序和相对的可靠性，已经能够有系统地，差不多是有计划地向还没有被征服的领域进攻，可以和计划周密地围攻一个堡垒相比。"并誉称道尔顿为"现代化学之父"。原因是他把古代模糊的原子假说发展为科学的原子理论，为近代化学的发展奠定了重要的基础。

道尔顿出生在英格兰北部一个穷乡僻壤。父亲是一位兼种一点薄地的织布工人，母亲生了6个孩子，有3个因生活贫困而夭折。道尔顿6岁起在村里教会办的小学读书。刚读完小学，他就因家境困难而辍学。但是他酷爱读书，在干农活的空隙还坚持自学。

到15岁时，道尔顿的学识已有很大提高，于是他离家来到附近的肯达尔镇上，在他表兄任校长的教会学校里担任助理教师。在这所学校里，他仍然坚持一边努力工作，一边发愤读书，无论是数学、自然科学，还是哲学、文学的书籍，他都广泛涉猎。据说在这所学校的12年中，他读的书比以后50年的还多。正是这种勤奋学习为他当时的教学和以后的科研奠定了坚实的基础。27岁时，道尔顿来到了曼彻斯特，受聘于一所新学院担任数学和物理学讲师。他开始系统地学习化学知识。在学习中，道尔顿有一种可贵的韧劲。每当遇到较难的运算题，他总是坚持把难题解出来。当同学们都放学回家了，他却常常端坐在教室里用心思考，绞尽脑汁，埋头解题。

就这样，道尔顿依靠不懈的努力自学成才。他曾说过："如果我比我周围的人获得更多的成就的话，那主要——不，我可以说，几乎纯粹地——是由于不懈的努力。一些人比另外一些人获得更多的成就，主要是由于他们对放在他们面前的问题比起一般人能够更加专注和坚持，而不是由于他的天赋比别人高多少。"这是道尔顿的切身体会，也是他成功的经验总结。虚心地求教和不倦地自学终于使道尔顿成为一位知识渊博的学者。

道尔顿在曼彻斯特发表的第一篇文章是关于色盲的研究文章。这个成果是偶然发现的。圣诞节要到了，道尔顿为母亲买了一双深蓝色的袜子表示自己对老人的孝敬。当他把袜子送给母亲时，母亲却厉声责问他：“为什么买一双红色袜子?”因为依照当地的宗教习俗，红色是不祥的，妇女禁忌红色，由此道尔顿才发现自己的辨色能力与众不同。后来他经过认真地调查研究，发现他哥哥也和他一样，也具有不正常的辨色能力，同时另有一些人也具有这一病症。为此他撰写了论文，提出人类中存在着色盲这一病症。道尔顿的这一发现引起了社会公众的重视，所以在英国，色盲常被称为道尔顿症。

33 岁时，道尔顿借了一间工作室，又在工作室附近租了一间简陋的民房，开始他清贫的以科研为主的生活。

道尔顿的生活很有规律，几乎每天都是早餐前先去实验室生火，吃完早餐后立即开始工作，一直干到午餐时才出来。吃罢午餐，又继续进实验室工作，一直忙到晚上 9 点，晚餐后稍作休息，就进书房读书至夜半。这种生活就像时钟运转一样有规律。“午夜方眠，黎明即起”，成为道尔顿勤奋治学生活的真实写照。功夫不负有心人，勤奋的学习，刻苦的钻研，使道尔顿在攀登科学的路上取得了一个又一个的成果。

从 1801 年起，他陆续完成了《关于极光》《关于气压计》《论降雨》《关于温度计》《混合气体的组成》《论水蒸气的力》《论蒸发》《论气体受热膨胀》等论文。其中最突出的成果是，他在《论气体受热膨胀》的论文中清楚地提出了气体的热膨胀定律：“任何气体每上升一定温度时发生的体积膨胀是相同的。”在同一时期，法国化学家盖·吕萨克也提出了气体的体积随温度而改变的这一定律，因此现在人们常称气体热膨胀定律为道尔顿—吕萨克定律。

此后不久，道尔顿又进一步地提出了著名的混合气体的分压定律：混合气体的压力等于各组成部分在同样条件下所具有的压力之和。

牛顿在他的力学理论中，指出在物质微粒的运动中，同性相斥、异性相吸。根据这一思想，道尔顿假设在混合气体中，一类气体的原子并不排斥另一类气体的原子，仅仅是同类原子相互排斥。那么怎样证实气体原子的存在呢?

道尔顿认为，必须测定各种原子的相对质量和不同原子合成新粒子的组成。为此道尔顿作了一些大胆的假设和推理。

首先他从物理学的角度出发，假定相同体积的气体在同温同压下，含有相同数目的原子。若这一假定能成立，他便可以通过测量相对的蒸气密度来换算气体原子的相对质量。但是，他在氧气、氢气合成水的实验中发现，水的蒸气密度反而小于氧气的蒸气密度。于是他怀疑采用蒸气密度法来测算原子相对质量行不通。

采用物理学的实验方法行不通，道尔顿转向了化学。根据水的化学分子结构进行实验，得到了氧和氢化合的质量比；又由氨气的分析得到了氮和氢化合的质量比。有了这些质量比还不够，还必须知道化合物的微粒究竟由几个原子组成，才能换算出原子的相对质量。对此，道尔顿提出了由原子构成微粒（分子）的基本原则。

他的基本观点可归纳为 3 点：

（1）化学元素均由非常微小、不可再分的微粒组成，这种微粒称为原子。原子在一切化学变化中均保持自己的独特性质，具有不可再分性。

（2）同一元素所有原子的质量、性质都完全相同。不同元素的原子质量和性质各不相同，原子质量是每一种元素的基本特征之一。

（3）不同元素化合时，这些元素的原子按简单整数比结合成化合物。

尽管道尔顿提出的原子论被后人发现存在许多错误，但是他关于原子的描述、相对原子质量的计算是一项意义深远的开创性工作。他第一次把纯属臆测的原子概念变成一种具有一定质量的、可以由实验来测定的物质实体。道尔顿的原子学说为近代化学和原子物理学奠定了基础，是科学史上一项划时代的成就。

1844 年的一天清晨，道尔顿在他安静的卧室里，像一个熟睡的婴儿似的，没有一点痛苦的表情，心脏停止了跳动。走完了他艰辛、果敢、睿智、富于创造的一生。这是一位将一生毫无保留地完全献给科学事业的伟大学者。

点评

道尔顿可以说是自学成才的典型。他只上了 5 年小学，他的化学知识全部来自于自己的刻苦学习和不懈努力。通过他的故事，我们明白了最重要的是自己学到了什么，而不是学习时间的长短。

“小化学家”——戴维

英国化学家亨弗利·戴维出生在英格兰彭赞斯城附近的乡村。因父亲过早去世，他家里的日子过得很艰辛。戴维从小就热情奔放、勇于探索，他的兴趣很广泛，擅长演说，实验技术高明。

亨弗利·戴维5岁入学，是个淘气、贪玩的学生。他衣服的两个口袋常常是一个装着钓鱼的器械，另一个装满了各种矿石，这是在离家不远的矿区拣的。他有惊人的记忆力，别人讲过的故事或自己看过的书，他不但记得故事情节，还能生动地讲述出来。每逢过节聚会，大人们都喜欢让他背诵诗歌，小伙伴们则求他讲故事，这在无形中培养了他的口才。在他读完小学后，父亲送他到彭赞斯城读书，寄养在外祖父家。在城里，有一件新鲜事吸引了他，那就是医士配制药物时各种物质的奇异变化。此后他时常偷偷躲入顶楼，用碗、杯、碟作器具，学着做起实验来。偶尔在实验中惹了麻烦，遭到外祖父的训斥，但这丝毫没有减弱他对化学实验的热爱。

17岁的时候，戴维到博莱斯先生的药房当了学徒。他既学医学，也学化学。在这里的经历使戴维认识到自己的知识太浅薄了，于是他开始勤奋地学习，抓紧空隙认真阅读拉瓦锡的《化学概论》等化学著作。通过学习，他做实验的内容和目的明确了，凡是著作中讲过的实验，他尽可能地一一尝试。凡是好书，他都设法借到，如饥似渴地阅读。遇到学识渊博者，他就主动求教。恰好此时有个叫格勒哥里·瓦特（发明家詹姆斯·瓦特的次子）的人来到彭赞斯考察，小戴维闻讯后，登门求教。瓦特很喜欢这个聪明好学的年轻人，热情地帮助他答疑解惑。就这样，在四年的学徒生活中，他的知识增长很快，人们送他一个“小化学家”的称号。

一天，一个叫贝多斯的物理学家登门拜访了这位“小化学家”，并邀请他到条件很好的气体研究所去工作。戴维欣然受聘，来到贝多斯的研究所。在当时，许多气体相继被人们发现。人体吸入氧气，感到清新舒畅；氨气则有强烈的刺激性。究竟各种气体如何影响人的生理功能？哪些气体能用来治病？这些都是很多医生所关心的，他们想通过研究各种气体对人体的作用，弄清哪些气体对人有益，哪些气体对人有害。

戴维接受的第一项任务是配制氧化亚氮气体（又名“笑气”）。戴维不负众望，很快就制出这种气体。但是，有人认为它是一种有毒气体，说这种气体对人有害，而有的人又说无害，各持己见，莫衷一是。因此制得的大量气体，只好装在玻璃瓶中备用。

18 世纪末的一天，贝多斯来到戴维的实验室，见已制出许多氧化亚氮，高兴地说：“啊，不错，您的工作令人十分满意……”贝多斯夸奖戴维的话还未说完，他一转身，一只手不小心把一个玻璃瓶子碰到地下打碎了。戴维慌忙过来一看，打碎的正是装氧化亚氮的瓶子，忙问：“手不要紧吧？”

“没事。真对不起，我把您的劳动成果浪费了。”贝多斯边说边拣碎玻璃。

“没什么，我正要做试验呢，想看看这种气体对人究竟会有什么影响，这样一来还省得我开瓶塞……”戴维的话还未说完，就被贝多斯反常的表情弄得惊慌失措。

“哈哈哈……”一向沉稳、孤僻、严肃得几乎整天板着面孔的贝多斯，今天突然大笑起来，“戴维，哈哈哈……我的手一点儿都不疼，哈哈哈……”“哈哈哈……”刚才还处于惊慌的戴维也骤然大笑，“真的不疼？哈哈哈……”

两位科学家的笑声，惊动了隔壁实验室的人。他们跑来一看，都以为他俩得了神经病。等一阵狂笑之后，两人方逐渐清醒，贝多斯被玻璃划破的手指才感到疼痛，原来，氧化亚氮不仅使他俩狂笑，而且使贝多斯麻醉，不知手痛。

事隔不久，戴维患了牙病，便请来牙科医生德恩梯斯·舍派特。医生决定把他的坏牙拔掉。可当时根本没有什么麻醉药，医生硬把牙齿给拉了下来，疼得戴维浑身冒汗。这时，他猛然想起前不久发生的事——贝多斯手划破了，可闻了那氧化亚氮后却一点也没感觉疼。于是，勇于探险的性格使戴维赶忙拿过装有氧化亚氮的瓶子连吸几口，结果，他又哈哈大笑起来，同时也感觉不到牙痛了。

事后在记录上他写道："我知道这样做是很危险的，但从性质来推测可能不至于危及生命……在吸入少量这种气体后，觉得头晕目眩，如痴如醉，再吸，四肢有舒适之感，慢慢地，筋肉都无力了，脑中，外界的形象在消失，而出现各种新奇的东西，一会儿，人就像发了狂那样又叫又跳……"醒来后，他觉得很难受。

通过亲身体会，他知道这种气体显然不能过量地吸入体内，但少量的可用在外科手术中作麻醉剂。后来，经过进一步研究，戴维证实氧化亚氮不仅能使人狂笑，而且还有一定的麻醉作用。戴维就为这种气体取了个形象的名字——笑气。

戴维将关于笑气的研究成果写进《化学和哲学研究》一书，立即轰动了整个欧洲。外科医生们纷纷用笑气作麻醉药，使本来满是刺耳的喊叫声的手术室，弥漫着一片笑声，病人的痛苦也轻多了。戴维发现笑气的时候，年仅 21 岁。从此，他成了闻名欧洲的青年科学家。

戴维还进行了电化学的研究，在伏打电池的基础上，对能够组成电池的物质进行了广泛的试验。19 世纪初，戴维在《论电的某些化学作用》中，探索了电解法在化学实验中的某些作用。他用 250 对锌片和铜片组成强大的电堆，成功地实现了对草木灰（碳酸钾）和苏打（碳酸钠）的电解，在阳极上放出氧气，在阴极上析出金属钾和钠，从而发现了两种重要的新金属元素：钾、钠。

在电化学的研究中，戴维提出了二元论的接触学说。他认为，物质由带阴电的部分和带阳电的部分组成，把这两部分结合在一起的化学亲和力，就是它们之间的静电引力。因此，化学变化的本质是电变化。当不同的原子相互接触时，就产生了感应而分别带上了相反的电荷，其强弱随元素而不同，在静电引力作用下将原子结合在一起。这样，戴维对物质结构理论进行了探讨。

戴维用电解法发现了钾和钠这两种元素后，继续用电解法寻找新元素。他对生石灰、重晶石等进行电解，但是没有成功。

一天，戴维专心地忙于实验，当别人离开实验室去吃饭时，他仍然不停地忙着。突然，实验室里响起爆炸声。人们迅速赶来，只见戴维躺在地上，一只手捂住满是鲜血的面孔，不省人事。戴维被送进医院，虽然伤势并不太重，但是他从此只能用一只左眼观看这个美好的世界了。尽管只是一只眼睛，一般人可能承受不了这个打击，但戴维表现出了一个科学家的刚毅和乐观精神。他说："幸好只瞎了一只眼睛，我还有另一只眼睛能看见东西，继续进行研究，这就足够了。"

之后，戴维成功地对生石灰、重晶石、苦土和锶矿石进行了电解，发现了钙、钡、镁、锶4种新金属元素。一年后，戴维又锦上添花地析出了硼。

从此，戴维的电解法受到举世瞩目，他创立了物理化学中的电化学。戴维在1808年还研究了元素氢。试验证明，氢中不含有氧，它是一个独立的元素，确证酸的主要成分是氢。从而推翻了拉瓦锡"一切酸中都含氧"的错误结论，他认为"一切酸中都含氢"。

鉴于戴维对科学做出的杰出贡献，19世纪初，重视科学的拿破仑不顾英法处于战争中的敌对局面，授予他科学勋章。

那天，伯纳德兴奋地走进实验室，高声说道："祝贺您，戴维先生。"正在忙于实验的戴维满腹狐疑，用一只眼睛不解地看着同事。"法国拿破仑皇帝发布一项命令，授予英国化学家亨佛利·戴维勋章一枚。"

"为什么?"

"表彰你在电学及化学方面的功勋。"

"确实是很高的荣誉。"

"可是指定授奖仪式在巴黎举行，而我们正在和法国打仗，怎么能去敌国受勋呢?"

"我不同意您的看法，"戴维严肃地说，"我是为科学，为整个人类而工作的。如果说科学家要进行斗争，那么他只能为夺取某种信念的胜利而斗争，为坚持真理而斗争。""科学是不分国界的，我决定去法国。"

富丽堂皇的巴黎凡尔赛宫，法国科学院在这里举行了隆重的授奖仪式，授予为科学做出杰出贡献的戴维一枚勋章和3 000法郎奖金。

点评

戴维发现笑气的故事告诉青少年这样一个道理，在科学研究和发现的道路上，机遇和偶然是交叉的两条线。许多科学发明发现都是在偶然条件下取得的。

碘的发现者——盖·吕萨克

约瑟夫·路易斯·盖·吕萨克，19世纪法国著名的化学家。

盖·吕萨克，生于圣莱奥纳尔，19岁时进入巴黎综合工科学校学习，28岁时当选为法国科学院院士，31岁时任索邦大学物理学教授，54岁时任法国自然历史博物馆化学教授。

盖·吕萨克在化学上的成就，首先体现在气体化学方面，他发现了气体化合体积定律。他的这项成就的取得始于对空气组成的研究。为了考察不同高度的空气组成是否一样，他冒险乘坐气球升入高空进行观察与试验。

19世纪初的一天，天气晴朗，万里无云，炎热的天气，不见一丝微风。他和自己的好友、法国化学家比奥用浸有树脂的密质绸布做成一个巨大的气球，里面充进氢气。膨胀的气球在阳光下闪闪发光，盖·吕萨克与比奥坐进了气球下面悬挂的圆形吊篮里。

气球徐徐上升，他们挥手同欢呼的送行者们告别。大家呼喊着祝福他们一路平安，这真是罕见的场面。

送行的人群逐渐消失在他们下面无边无际的深渊中。“咱们开始工作吧！”比奥说道。

“我正在观察磁针的偏差。”

“我们升起多高了？”

“距海平面5 800米。”

“我觉得耳朵很疼，头晕。”

高空反应使比奥的状况越来越不好，最后，他们勉强采集了一些空气样品，不得不着陆了。

这两位勇敢的研究家忘我升空的消息引起了极强烈的反应，到处都在谈论着这两位航行家。

但是，盖·吕萨克对首次探险的收获并不满足。一个半月以后，他独自进行了第二次升空探索。为了减轻负荷，提高升空高度，他尽量轻装。当气球升至 7 016 米时，他毅然把椅子等随身物件扔了下来，使气球继续上升。正在田间劳作的人们看到天上纷纷落下许多东西，都不清楚究竟发生了什么事。

这次，盖·吕萨克创造了当时世界上乘气球升空的最高纪录。

两次探测的结果表明，在所到的高空领域，地磁强度是恒定不变的；所采集的空气样品，经分析证明，空气的成分基本上相同，但在不同高度的空气中，含氧的比例是不一样的。

在气体试验中，盖·吕萨克发现，氧与氢化合时，氧气的体积差不多，总是氢气体积的一半。于是，他想到这简单的体积关系，可能同物质的原子结构有关。

他往容器里充满等体积的氮和氧，然后让混合物通过电火花。于是就产生了新的气体——一氧化氮。他发现：一体积的氧和一体积的氮，经化合得到了两体积的一氧化氮。进一步研究许多不同气体间的化学反应，使他注意到，在所有参加反应的气体体积和反应后生成的气体体积之间，总是存在着简单的比例关系。由此他发现了一个重要的基本化学定律——气体化合体积定律。

发明制造碱金属的新方法，是盖·吕萨克在无机化学中的又一贡献。

法国人库特瓦在从海草灰中制取钾盐的过程中，发现了一种未知的新物质，库特瓦成功地分离出这种物质，并把它交给化学家克莱曼和德索尔母进行研究，但这两位化学家没有发表任何研究成果，就把这种新物质交给了英国化学家戴维。

盖·吕萨克得知这个消息后，非常着急，他对克莱曼说：“你们太轻率了，法国人可以研究出这种新物质，可你们把它交给了一个英国人，这回戴维将会发现这个新元素，为他的祖国争得荣誉。”

为了为祖国争光，盖·吕萨克决心要和戴维比赛一下，他从库特瓦那里取回了偶尔留下的一点那种新物质，开始了夜以继日的研究。

几天以后，盖·吕萨克成功地得到了这种纯净的元素。它是一些小小的鳞片般的东西，像金属一样闪闪发亮，加热时它们很快便蒸发，沉甸甸的深紫色的蒸气充满了烧瓶。

“我们把这种元素叫做碘吧。”盖·吕萨克自豪地看着这些紫色的精灵，碘的意思是紫罗兰。

盖·吕萨克还特别重视把科学理论成果转化为生产力。他对硫酸制造工艺的改进，就是他对硫化物研究成果的重要应用。

19世纪初流行铅室法制硫酸工艺：为了把二氧化硫氧化为三氧化硫，在含有二氧化硫的空气中加入二氧化氮，就会生成三氧化硫和一氧化氮。用水把三氧化硫吸收后，剩余的气体通过高大的烟囱排到大气中去，但是，当这些气体和空气混合在一起时，其中的一氧化氮立即转变为二氧化氮。二氧化氮是有毒的棕褐色气体，这种棕褐色烟雾从烟囱里冒出，不仅毒害着周围的生物，而且也毒害着工厂里的工作人员，硫酸工厂附近的植物全部被毒死。这些硫酸厂就像在荒漠上的一座座凶险恶毒的火山，永不停息地升腾着毒性的烟团。必须采取紧急措施解决这个问题，一些生产硫酸的工厂主向盖·吕萨克提出了请求。

盖·吕萨克投入了紧急的研究之中。他查明，氮的几种氧化物能溶解在硫酸里，他将这种溶液叫做含硝硫酸，它是无毒的。

“不要让这种废气从烟囱中排出，”盖·吕萨克对厂主解释道，“应当设法化废为宝。为此，要建造一座吸收塔，塔高10米至15米，塔内有耐酸的材料作衬里，废气从塔的底部进入，将硫酸从塔的上部喷淋下来，当氮的氧化物遇到硫酸时便和它化合，成为含硝硫酸，含硝硫酸向下流去，可以收集起来重新利用，而排向大气的就只有无毒的气体。”

19世纪40年代，盖·吕萨克的想法在实践中被采用，在生产硫酸的工厂里出现了吸收塔，这种塔至今仍然被称作“盖·吕萨克塔”。

除了上述研究，盖·吕萨克还探讨了氰化物并首次制得了氰。他将氰化汞与浓盐酸一起蒸馏，制成无水氢氰酸，开创了对氢氰酸的组成、性质的系统研究。同年，他加热分解氰化汞，发现生成一种可燃气体，经研究确定其组成成分为碳、氮二元素，他命名该气体为“氰”。

72岁时，盖·吕萨克在巴黎逝世。

点评

盖·吕萨克的故事让我们知道，在科学的道路上，处处充满了危险和坎坷、艰难和险阻，有的时候甚至要冒着生命的危险去进行研究。因此，科学成果的背后是艰辛和磨难。

自学成才的法拉第

迈克尔·法拉第出生在18世纪90年代初的英国萨利。他的发现奠定了电磁学的基础，在电化学方面，他也做出了杰出的贡献，给19世纪的科学打上深刻的印记。

法拉第从未进过学校，他识字是自学的，从11岁当报童，一直当到16岁。他觉得卖报这个差事对他很合适，因为在闲暇时可以看各种报纸，学习知识，看完的报还可以卖掉。

一次，法拉第在回家的路上，经过乔治·里保书店装订工场，看到门前贴着一张广告，上面写道：“本场招收装订工人，月薪8英镑，尤其欢迎童工，工人可在场内就餐，餐费自理。法拉第回家以后，就和父母商量，辞去了亨特老板的工作，去装订场当了一名工人。装订场的工作条件很差，工作也很累，但法拉第喜欢，因为他可以把装订过的书带回家来读。他亲手装订过百科全书和其他许多名著。法拉第利用装订场的工作之便，阅读了《大英百科全书》电学卷，了解了电的意义和作用。几年的时间，他读了物理、化学、天文、地质等方面的多种著作。别人装订了好书，也推荐给他看。“法拉第，我这有一本《化学对话》，写得非常动人，你如果感兴趣，我可以抽出一本来，放在你的台子上。”法拉第的好朋友格平小声向他建议。

下班铃响了，嘈杂的工场变得安静了，法拉第独自坐在工人午休的小工棚里，借着昏暗的灯光，开始读《化学对话》。这是女科学家马尔希特夫人著的一部科普读物，文字生动活泼，给人们展现了一个神奇、奥妙无穷的化学世界，各种奇特的化学物质，发现元素的化学家，物质的组成，分光镜的奇妙，化学药品的奇异的医疗效果……法拉第完全被这部书吸引住了，他如饥似渴地读下去。

“笃！笃！”有人敲窗子，法拉第一抬头，他惊呆了，原来天已大亮，窗外站着他那年老多病的母亲。“妈妈，我懂得了一门奇异的科学，它叫化学，非常有用，我将来要研究化学！”“上帝保佑你，孩子，我们是穷人，没钱供你读书。”马尔希特夫人的《化学对话》法拉第一连看了7遍。他万万没有想到，一个十分偶然的机遇，使他真的走上了研究化学的道路。

英国著名电化学家戴维和其他知名专家经常在英国皇家学院讲演会上作学术报告，听讲的人很自由，任何人都可以去。法拉第在工作之余，经常去听这些学术报告。

一次，著名化学家戴维的报告深深吸引了法拉第，戴维熟练的实验演示，使他十分敬佩。他将自己对电的一些想法写信告诉了戴维，他在信中提出：“电解作用，很可能存在着某种严格的数量关系。”过了一段时间，法拉第收到了戴维的一封回信，信中写道：

法拉第先生：

请于本星期三前，来肯宁斯汤大街实验室一晤。

戴维敬启

法拉第终于坐在戴维的实验室里。“我是个装订工，装订过成千上万本书，其中也包括您的书，我读过大部分科技书。”法拉第介绍了自己。“您给我写信有什么要求吗?”戴维问。“我想研究化学。”法拉第直截了当地回答。经过一段谈话，戴维发现了法拉第的才能，决定录用他为自己的助手。法拉第收到被戴维录用的便条以后，心情激动，夜不能寐。他知道，从此，他的科学生涯就开始了。法拉第担当戴维的助手工作出色，他每天从早到晚在实验室工作，把一切都安排得井然有序，实验之余，他还抽时间读了许多科技书。戴维对法拉第的工作也非常满意，他认为，法拉第是一个忠于职守的人。一天，戴维对法拉第说：“过几天我要和我的妻子一起到国外度蜜月，为了不中断科学研究，我想带一个流动实验室，请您去照顾这个流动实验室。”“我很荣幸，愿意跟随您的流动实验室工作。”

22岁，法拉第跟随戴维，长途旅行，兼做科学考察。一年半的科学旅行，法拉第记了厚厚的两大本笔记。

第二年，法拉第跟随戴维回到伦敦，经戴维推荐，他被著名的皇家学院录用，担任了实验室管理仪器的助教。

28岁时，法拉第开始研究不锈钢与各种合金，不久就炼出了铁镍合金，后来又炼出铂、钯、锗、银、铬、锡、钛、饿、铱等多种金属与铁的合金。

29岁时，法拉第合成了二氯乙烷和六氯乙烷，他的合成物叫做“氯化碳”。

同年，法拉第结识了一个珠宝商的女儿萨蕾。萨蕾是一位热爱科学的姑娘，她对法拉第的才能十分仰慕，尤其在她知道了法拉第自学的坎坷经历之后，她对法拉第的爱慕之情日笃。一年后，法拉第和萨蕾结婚。萨蕾对法拉第十分体贴，还善于为他创造安静的工作环境，这对法拉第以后的成名，起了很大的作用。

戴维去世以后，法拉第专心研究电化学的问题，经研究发现：当电流通过电解质溶液时，两极上会同时出现化学变化。法拉第通过对这一现象的定量研究，发现了电解定律。法拉第提出了两条电解定律：

（1）电解时，在电极上析出或溶解掉的物质的重量，与通过电极的电量成正比。

（2）如通过的电量相同，则析出或溶解掉的不同物质的质量跟它们的摩尔质量成正比。电解一摩尔质量的物质，所需用的电量叫一个“法拉第”。

人们为了纪念法拉第，把这两条电解定律称为“法拉第定律”。

电解定律的发现，把电和化学统一起来了，这使法拉第成了世界知名的化学家。经常在阴湿的地下室紧张工作，法拉第非常劳累，从44岁开始，他的体质明显衰退。晚年患了风湿病，经常腰酸腿痛，心脏不好，双眼昏花。他越来越觉得自己力不从心，但是每当有科学家和企业家拜访他时，他还是十分高兴地与他们谈话，他的夫人萨蕾一直陪伴着他。

76岁时，法拉第在伦敦病逝。他逝世后，皇家学会为他举行了隆重的葬礼，各国科学家都对他表示深切的哀悼。

点评

许多有成就的化学家，往往出身贫寒，家庭困苦，他们的成功都是靠自己的勤奋学习和刻苦努力，与家庭并没有多大的关系。因此，我们要明白成功靠自己这个信念，要学会用自己的双手开创成功之路。

维勒的发现之旅

弗里德里希·维勒，19 世纪德国著名化学家，人工合成尿素的首创者。

弗里德里希·维勒出生于德国梅因河畔法兰克福附近的埃希海姆村。他的祖父是黑森选帝侯的马舍长，他的父亲在法兰克福担任宫廷职务，学识渊博能力突出，且热心社会公益事业。他的母亲是一位中学校长的女儿，对幼年维勒施以良好的教育。维勒七八岁时由父亲启蒙教他读写、绘画，不久入普通小学，又自学了拉丁文、法文、音乐。

少年时代的维勒喜欢诗歌、美术，还特别爱好收藏矿物标本。中学时代，在各门自然科学中，他最喜欢化学，尤其对化学实验感兴趣。在他居住的房间里，床下胡乱地堆放着许多木箱，里面盛满了各种各样的岩石、矿石和矿物标本。地上到处可见形形色色的矿物晶体，屋角里摆放着一堆堆的实验仪器，有玻璃瓶、量筒、烧瓶、烧杯，以及打破的曲颈瓶等，他的宿舍简直成了一间实验室和储藏室。这引起了父亲的极大不满，父亲要求自己的儿子学好每一门功课，不得偏废。为此，父子俩常发生口角。

有一次，被激怒了的父亲竟没收了儿子的《实验化学》一书。维勒对此很伤心，他被迫跑去找父亲的好朋友布赫医生。布赫医生早年也曾对化学发生过极大兴趣，在他那里，一直存放着许多著名学者编著的化学教科书和一些专著，还有不少柏林、伦敦、斯德哥尔摩科学院的期刊。维勒寻求到了布赫医生的支持，他不倦地阅读着这些珍贵的化学资料，还经常同布赫医生讨论一些他们感兴趣的化学，在他的头脑里，知识一天天地积累起来了。

维勒的这种旺盛的求知欲又重新激起了布赫对化学的浓厚兴趣。他们成了志同道合的忘年交，在各方面布赫都给了维勒以宝贵的支持和帮助。这位医生还很注意启发维勒的思想，经常对他说："如果想要成为科学家，你就应当具备许多知识，要什么都知道……"因此，这段友好交往，对维勒中学阶段的学习起了良好作用，他更加勤奋地钻研各门功课。

20 岁时，维勒以优异的成绩从中学毕业了。按照全家人的意见，他选择了学医并进马堡的医科大学攻读。他喜欢上大学，在学校里他一心一意地攻读所有的功课。但他只要回到宿舍，就又专心地搞起化学实验来，天天如此。这好像成了他的一种嗜好，不做做实验就不能安稳地入睡。晚上，维勒总是埋头于那些烧瓶和烧杯之间，似乎忘记了世上的一切。他的第一项科学研究，正是在那间简陋的大学生宿舍里成功的。

他最早研究的是不溶于水的硫氰酸银和硫氰酸汞的性质问题。有一次，当他把硫氰酸铵溶液与硝酸汞溶液混合时，得到了硫氰酸汞的白色沉淀。经过过滤，他把沉淀物放在一边，让它自然地干燥着、自己就躺下去睡觉。但他脑子里还总想着实验的事，无论如何也不能入睡。于是他干脆爬起来，重新点燃蜡烛，接着做实验。他将一部分硫氰酸汞放在瓦片上，让它靠近壁炉里熊熊燃烧的炭火。不一会儿，瓦片被烧热了，上面的白色粉末开始噼啪作响，并逐渐在瓦片上分散开来。维勒高兴极了，他兴致勃勃地注视着所发生的一切现象。响声停止后，他取了一点白色粉末，蘸上点水，用手把它揉搓成一根白色的长条。放在瓦片上干燥片刻，然后给瓦片的一端猛烈加热。于是，重新又听到噼噼啪啪的声音，白色的长条受热后开始剧烈地膨胀着，形成了一个大气泡。那气泡像球一样飞快地向另一端滚去。待反应停止后，剩下了一块不能流动的黄色物质。如此壮观与罕见的分解现象，使维勒非常兴奋。他激动地又度过了一个不眠之夜。

经过几个月的深入研究，他在自己的第一篇科学论文中，详细地描述了这个现象。由布赫医生推荐，这篇论文发表在《吉尔伯特年鉴》上。该文发表后，立即引起了瑞典化学家贝采里乌斯的重视。他在撰写《年度述评》中，以十分赞许的口吻对维勒的论文给予了肯定的评价。

23 岁时，维勒通过毕业考试，获得了外科医学博士学位。他的导师格美林推荐他到瑞典著名学者贝采里乌斯那里去学习与工作。

此时的贝采里乌斯正在研究氟、硅和硼的化合物。在这里，维勒熟练地掌握了分析和制取各种元素的不少新方法。同时，他还继续研究氰酸。一年的留学时间转眼就过去了，告别了贝采里乌斯，维勒回到家乡法兰克福。

回家后维勒继续埋头研究制取氰酸铵的最简便的方法。他首先让氰酸和氨气这两种无机物进行反应，结果使他感到意外的是，生成物不是氰酸铵，而是草酸。他多次重复这一实验，结果仍然一样。于是改用氰酸与氨水进行复分解反应，企图制得氰酸铵，结果他注意到形成了草酸及一种肯定不是氰酸铵的“白色结晶物”。他分析了这种白色物质，证明它确实不是氰酸铵。因为它与苛性钾反应，并不放出氨，它与酸反应，也不能产生氰酸。因此，维勒肯定，他发现了一种与氰酸铵不同的新物质。

那么，这白色晶体究竟是什么呢？限于当时的实验条件，他自己还证明不了。他渴望有一个条件较好的实验室，为此，他毅然受聘到柏林工艺学校去任教。尽管那里的工资待遇不高，居住条件较差，但他满意那里有一个设备齐全的实验室。

到维勒 28 岁为止，他一直在这里工作，使用了当时最先进的实验分析方法，证实了他早在 4 年前在家乡发现过的白色晶状物质正是尿素，他还发现，用氯化铵与氰酸银或以氨水与氰酸铅反应，都能得到比较纯净的尿素，维勒感到无比兴奋，经过自己的艰苦工作，他终于实现了由无机物来人工合成尿素的设想。

他把这一成果写成论文，题为《论尿素的人工制成》，发表在 1828 年《物理学和化学年鉴》第 12 卷上。这篇论文立即产生了巨大反响，不少人为之欢呼、祝贺。

人工合成尿素，不仅为维勒本人赢得了荣誉，这一发现在化学史上也具有重大意义。维勒提出的有机合成的新概念，促使了以后关于乙酸、脂肪、糖类物质等一系列有机合成的成功。因此可以说，维勒开创了一个有机合成的新时代。

然而，28 岁以后，维勒因病未能将褐铅矿的分析进行到底，以致与“钒”的发现失之交臂。19 世纪 30 年代，钒被发现。维勒写信给贝采里乌斯，倾诉他的苦闷——让他的同学舆夫司昌抢先发现了钒，而他早在 3 年前就将获得的钒样品寄给了老师。

住在斯德哥尔摩的贝采里乌斯，接到维勒的信，不由想起维勒怎样辉煌地合成尿素这一惊世壮举。贝采里乌斯给维勒回了封信：

“亲爱的维勒，今天我寄给您一份样品，这是新发现的钒元素。顺便，我给您讲个故事吧。

从前，在北方住着一位女神，她很美，又非常勤劳，她叫凡娜迪斯。一天，有个小伙子向她求爱，只敲了一阵门，就不再敲了。凡娜迪斯未起来开门，想试试小伙子有无耐心，过了许久，女神来到窗口，望着匆匆而去的小伙子，惊奇地发现他就是维勒。女神不免小声埋怨：'啊，是淘气包维勒呀！好呀，让他白跑一趟也应该，谁叫他缺乏耐心呢？'

又过了几天，另一位小伙子来敲门，不但敲得坚决，还干脆有力，有股不达目的不罢休的韧劲。女神感动了，站起来为他开门，热情地邀他进屋。小伙子长得真帅，很有礼貌，和凡娜迪斯一见钟情。相识不久，两人结婚了，生下个活泼的小男孩，起名叫元素钒。您知道小伙子是谁，他就是您的同学肖夫司昌。亲爱的维勒，顺便告诉您，上次带来的样品，不是钒，实际上是氧化钒。"贝采里乌斯又安慰维勒，"您合成尿素，比发现10种新元素还要高超得多。"

82岁时，弗里德里希·维勒因病医治无效，逝世于哥廷根。这无疑是化学事业发展中的一大损失。至今，每当人们提到尿素的人工合成时，都会很自然地想起维勒的名字。

点评

维勒的科学实践表明，在科学面前，不能有半点疏忽和粗心大意。对任何新现象、新问题，都不能单凭经验去做主观的猜测。要善于进行全面的、客观的观察，在实验中思维要敏捷，注意捕捉科学实践中的一切机遇。

桃李满天下的李比希

李比希，19世纪德国著名化学家，“农业化学之父”。

李比希，生于德国的达施塔特。他的父亲是一个经营染料、油脂和药物的商人，店里有些货物要自己制造。因此，李比希在少年时就得在店里帮助父亲做事，有时看看书，做做实验。药房设在一幢楼房的第一层，占用了好几间，李比希最喜欢待在一间小侧屋里。他在这间侧屋里，初次体验到化学的神秘，从而激发了他的想象力和学习化学的兴趣。

李比希在药房中检查各种配方时，化学知识对他帮助不小。有一次他急需的配方没有查到，他的父亲叫他到宫廷图书馆去查找。馆员海斯热情地接待了他，像对待所有其他的孩子一样，也给他一本带有许多插图的故事书。

“谢谢，海斯先生。我想在您这儿借几本化学书。”他激动地说道。

“化学书？那我确实要和你交朋友了，我也喜欢读化学方面的书，跟我来吧。”馆员把李比希带到书架旁边，微笑地指着一个书架说，“这里全是化学方面的书。其中有拉瓦锡、道尔顿、施塔尔、卡文迪许等化学家的著作。”从此以后，李比希便成宫廷图书馆的常客了。凡是书架上的书都要读一遍。

可是他愈是勤奋而认真地研究，对学校的学习就愈是漫不经心，觉得索然无味。他怎样也不明白，学习那些拉丁语和希腊语的语法公式、语法的变格变位究竟有什么用处，老师常常指责他不好好学习。有一天拉丁语老师发现他心不在焉，没有好好听讲，提出了批评。李比希挺起身子，不假思索地答道：“我准备当一个化学家。”教室里顿时发出了哄笑，连一本正经的老师也笑了。他不明白这些人为什么要笑，因为在他的生活中确实没有树立其他的目标。

李比希特别喜欢研究炸药，在集市上从卖灵丹妙药的人那里学会了制造爆炸雷管和制造雷管用的仪器。李比希常背着老师，把炸药带进教室，以便在休息时拿去玩。有一次在课堂上，正当老师专心地推导一条定理时，突然教室里发生了可怕的爆炸，吓坏了老师和同学，同时一股浓烟冲向校长的办公室，校长也吓得目瞪口呆、不知所措。这一下，学校把李比希开除了。

但李比希仍不灰心，继续做试验。有一天，用不同方式组配化学药品时，李比希发现了一种物质，它具有酸的种种性质，其银盐和汞盐都能爆炸。他想这种东西制成雷管一样很值钱，就决定多制造一些给家里送去。过了几天，他的确制成了一种新物质。因为没有专门的器具，就把它装在旧手榴弹的空壳中，然后放在离壁炉不远的一个角落里。他没有用任何东西把空壳盖起来，于是原来湿的物质很快就干燥了。这位年轻的化学家还不知道，这种物质在干燥的情况下即使轻轻地碰一下也是会爆炸的。几周后，他亲自看到这种爆炸的情景发生了。

有一次，李比希做实验时，使用的研杵从桌上滚下，恰恰落在装有炸药的弹壳上，剧烈的爆炸声震动了整个药店。当李比希睁开眼睛的时候，才明白自己已经躺在对面的墙边，身上盖满了塌落下来的砖块和灰土。头上面的屋顶全部没有了，而看到的是满天星斗和黑蓝的天空。

李比希为发生的事故深感忧虑，但他的父亲并没有责备他，反而说他有胆量、有追求精神。每当李比希回忆往事时，他都深有感触地说：童年的化学实验激发了他的想象力和对化学的热爱。李比希多次要求父亲允许他到大学学习化学，尽管家里有一定的困难，可是关心儿子前途的父亲终于同意了。

就这样，青年时代的李比希，不远千里到波恩求学，在埃朗根大学获得博士学位，后来进入盖·吕萨克的私人实验室进行研究工作。

在随后两年的研究中，在探索各种有机化合物的同时，他系统地研究了雷酸盐，找到了防止雷酸盐爆炸的填充剂。他发现用烘焙过的苦土与雷酸盐相混合，可以非常有效地防止雷酸盐爆炸。李比希在科学院报告了他的研究成果。当时，会议主持人对李比希说："您的研究不仅本身具有重要意义，更重要的是这一成果使人们感到，您是一位有杰出才干的人。"

年轻的李比希回到德国，担任了吉森大学编外教授，两年后升为正式教授，他当时年仅23岁。他在校方和政府的支持下，经过两年努力，在吉森大学建立了一个完善的实验教学系统，他的实验室可以同时容纳22名学生做实验，教室可以供120人听讲，讲台的两侧有各种实验设备和仪器，可以方便地为听讲人做各种演示实验。李比希建立的实验室后来被称为“李比希实验室”，由于这一实验室培养出一大批一流的化学人才，因此当时成了全世界化学化工工作者注目和向往的地方。李比希实验室科研和教学的风格，很快传遍了全世界。李比希还制造和改进了许多化学仪器，如有机分析燃烧仪、李比希冷凝球、玻璃冷凝管等。

为了发展化学教学，李比希还用新的体系编制了化学教学大纲。他认为，化学不仅是一门实验科学，同时直接关系到国家的命运和人民的生活。因此他认为：“学习化学的真正中心，不在于讲课，而在于实际工作。”他要求他的学生既会定性分析，又会定量分析，然后自行制备各种有机化合物。这样就可以培养出较强的实际工作能力。

李比希一生为化学事业培养了一大批一流的化学家，俄国的齐宁，德国的霍夫曼、凯库勒、武兹等，都是李比希的学生。以李比希为鼻祖的吉森学派被公认为是近代化学史上的一个大的学派。他们为19世纪下半叶德国科学的超越发展，特别是为德国的化工在20世纪初称雄世界做出了很大的贡献。自1901年诺贝尔化学奖开始颁发的10年间，奖励的10位化学家中有7位属于吉森学派。

李比希对无机化学、有机化学、生物化学、农业化学都做出了卓越的贡献。他发明和改进了有机分析的方法，准确地分析过大量的有机化合物，合成过氯仿、三氯乙醛和多种有机酸，他还曾与他人合作，提出了化合物基团的概念以及多元酸的理论。李比希开创了农业化学的研究，提出植物需要碳、氢、氧、氮、磷、钾、铁、锰、硅等许多元素，研究了提高土壤肥力的问题，提出必须施用人造肥料，因此，他被农学界称为“农业化学之父”。

点评

有的化学家虽然自己做出了卓越的贡献，但并没有开创学派。李比希不仅是一个杰出的化学家，更是一个成功的教育家，他教出了一大批化学家，开创了自己的学派，使自己的研究精神代代相传，永垂不朽。

天才少年贝特罗

“有机物合成”理论是贝特罗提出的，这个理论向人们指出了人工合成有机物的方法，促进了合成化学的发展。

贝特罗是法国著名的有机化学家。他生于19世纪20年代的巴黎。父亲是一名医生，家庭生活不甚富裕，但父母竭尽全力，要把自小聪慧的儿子培育成才。

中学时代的贝特罗，初露天资，写得一些很好的哲学论文，有一篇文章曾获得了一等奖。这个少年中学生熟练地掌握了好几种外语：说得一口流利的英语、德语，对拉丁语和希腊语运用自如。他笃信科学，反对迷信，是个无神论者。他认为上帝是人们臆造出来的，坚信“真理存在于科学之中”。21岁时，贝特罗考进了大学。开始时，他遵从父母的意愿去学医。然而，强烈的求知欲促使他对各门学科都很感兴趣。慢慢地他在学医之外，挤出时间去旁听历史、文学、考古学等许多课程，此外也研究语言学，尤其喜欢物理学，研究领域较宽。白天他长时间地待在图书馆里，博览群书；晚上在实验室里常常工作到深夜。由于他勤奋刻苦，学习成绩优异，只用了一年时间，就成了一名物理硕士。

化学是医科学生的必修课程之一，因此，贝特罗在学习物理的同时，也开始学习和研究化学。为了得到进行化学实验的条件，他曾经每月交100法郎，在一间私人的化学实验室里，开展自己的研究工作。在那里，他很快就掌握了多种实验技术。最初，他研究一些带有物理性质的化学问题。例如，他对与气体液化有关的现象很感兴趣，曾研究过二氧化碳、氨以及其他气体液化的条件，并且将他的研究成果写成论文于1850年发表。在贝特罗60年的科学生涯中，他共写成2 773篇（部）科学论文及著作，其内容之广，几乎涉及了人类所有的知识领域，而其中最多的要算是化学方面的。此外，还有生物学、农业化学、历史学、考古学、语言学、哲学以及教育学等方面。他的第一部化学著作是研究有机物合成的。这是他从事多年有机合成研究的结晶。

19 世纪上半叶，许多化学家都在研究有机化学问题。但他们多限于研究那些天然有机化合物，运用化学手段分离出许多纯净的有机物质，由于生命力论对化学领域的统治，在这些化学家中还没有一个人能够直接用无机物合成存在于有机体内的较复杂的有机化合物。19 世纪 20 年代，在德国化学家维勒首次宣布人工合成了尿素以后，尽管不少化学家还不承认被合成的尿素是真正的有机物，可是贝特罗却相信维勒的成果及其重大意义。

他赞同维勒关于在实验室里可以制取有机物的观点。他深信，在一定条件下，在试管中必定可以合成某些有机物。

19 世纪中期，他利用乙烯同硫酸的反应合成了乙醇。同年，他还成功地合成了油脂类物质。次年，他又通过一氧化碳与热碱的反应合成了乙酸，接着，他用二硫化碳蒸气及硫化氢的混合物，通过热铜器皿，制成了甲烷和乙烯。他还通过甲烷制得了甲醇，后来，他用松节油制取了龙脑及樟脑，进一步由樟脑再制成冰片。到了 19 世纪 60 年代，他先后由碳和氧制成乙炔，由乙炔又制成苯，不久，他又通过乙炔和氮制成了氢氰酸。

贝特罗在有机合成领域的一系列成就，几乎成了神话。一方面是他的科研成果高产得令人惊异；另一方面，他合成出一系列典型的有机物，使得有机化学领域的生命力论彻底破产。

贝特罗对合成工作的进一步研究，是试验电在合成反应中的作用。起初，他用电火花作用于反应过程，没有效果，改用电弧后产生了明显效果。他设法在充满氢气的器皿中，安装两个碳电极，通电使两电极间产生电弧，使从器皿中放出的气体中含有乙炔。这项实验的成功，使贝特罗受到极大鼓舞，由此开始了一系列新的合成实验。他由乙炔加氢制成乙烯，乙烯再加氢而得到乙烷。

贝特罗在研究有机合成的同时，还着手对合成产物进行分析研究。由于得到的产品往往量很少，这就需要耐心并顽强地坚持反复实验，才能取得足够的分析样品。这些工作又不断地使贝特罗开拓思路，创造出一个接一个新的合成方法，推动着有机合成化学的迅速发展。

贝特罗研究烃、碳水化合物和醇的发酵问题，也获得了许多成果。

由于在有机合成方面的卓越成就，贝特罗曾于1860年和1867年，先后两次获得“雅克”奖。

精力充沛、能力惊人的贝特罗，除了从事繁忙的科学研究工作外，还是个著名的社会活动家。他作为参议员，要经常参与国务活动。他是最高美术委员会委员、火药及硝石咨询委员会委员。他还担任过法国科学院秘书长工作。19世纪80年代中期贝特罗开始在政府任公职，他先被任命为国民教育和艺术部部长，90年代中期又出任外交部部长。国内外许多科学院和研究所都曾选他为名誉成员。到19世纪末，世界上几乎所有的大学或科学院的名誉成员名单中，无一例外地都有他的名字。

贝特罗即使到了暮年，对科学事业的热爱和献身精神仍旺盛不衰。他继续渴求创造性的劳动，继续顽强地攀登着科学高峰，撰写大量的文章和专著，直到生命的最后一刻。人们将永远怀念这位伟大的化学家，记住他在化学史上的功绩。

点评

贝特罗的成功源于他强烈的求知欲望。强烈的求知欲望产生强烈的探索精神，强烈的探索精神往往使人进行不屈不挠的研究行动，从而取得成功。因此我们可以说求知欲是成功的动力。

紫色染料茂布的发现者——柏琴

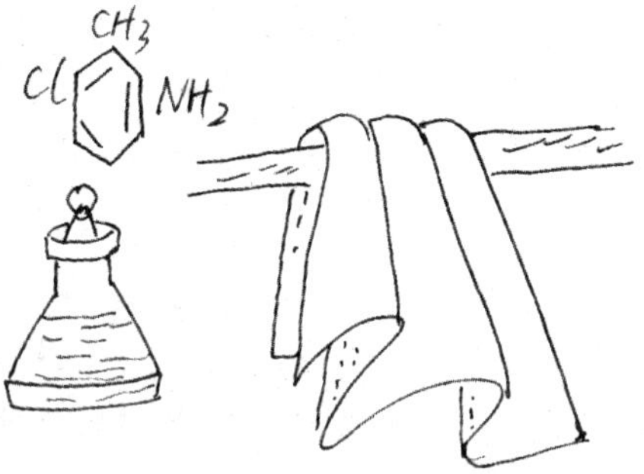

威廉·柏琴，19 世纪著名化学家，紫色染料茂布的发现者。

柏琴自小就很聪明，学习也用功，14 岁时进入伦敦皇家化学学校学习，很受校长奥古斯特·霍夫曼的器重，从一年级时候起，就让他兼作自己的实验室助手。

柏琴在向霍夫曼学习的过程中，认识到天然物质能在实验室里人为地创造出来，因此，他想自己动手制造奎宁。

奎宁是一种特效药，它对治疗疟疾有奇迹般的疗效。但它只能从南美产的奎宁树树皮中提取，因此在欧洲很贵。

柏琴认为，如果能够成功合成人造奎宁，那将降低奎宁的价格，对人类有很大帮助，自己也能成为富翁。柏琴就在自己家里的顶楼上搞了一个简易的实验室，进行研究工作。

柏琴利用复活节放假的机会，开始实验合成奎宁。他发现从焦油中提取出来的几种物质的分子式与奎宁的分子式极其相似，因此，他想把这些物质做各种化学处理，使之成为奎宁。但是，搞来搞去也没有成功。最后，他把从焦油里提取出来的苯制成苯胺，再在苯胺里加进重铬酸钾，使之氧化，出现了肮脏的黑色沉淀物。他以为又失败了，想倒掉，但是，他偶尔把生成物溶解在酒精里，却产生了鲜艳的紫色溶液，这使他大吃一惊。把布浸进溶液，立刻染上了鲜艳的紫色，即使用肥皂洗，在太阳底下晒，也不褪色。柏琴想："奎宁没制成，或者能制成染料吧。"于是，他把染成紫色的绢作为标本，送给一家大染料公司。公司答复说："确实是一种新的优质染料。"18 岁的少年柏琴高兴得手舞足蹈。

同年暑假，柏琴研究出了这种染料的工业制法，获得了专利。1857 年，他离开学校，从父亲和哥哥那里取得资本，建了一座工厂，生产这种新染料出售。他给这种染料起名为茂布。

开始，在技术上有各种难题，而且，让保守的印染业者采用新染料也很困难。但年青的柏琴以他的努力和热情克服了这些困难。他很走运，当时紫色衣服从巴黎传到英国，风行一时。茂布非常畅销，柏琴才 20 多岁，就成了百万富翁。

作为一名科学家，柏琴的一生硕果累累。

19 世纪 70 年代，他合成了芳香物质香豆素，从而指出了一条人工合成香豆素的途径。各种荣誉接踵而来，在柏琴发明苯胺紫 50 周年纪念这一年，他被授予骑士称号，在欧洲和美洲举行了表彰他的特别集会，在纽约为了纪念他还设立了“柏琴奖”，专门授予那些在应用化学领域做出重大贡献的人。出席集会的人都系着柏琴工厂最初生产的染料染成的领带，那些荣获柏琴奖的人也都郑重地系着这种领带。这一切使柏琴达到了荣誉的顶峰。

然而，第二年，威廉·柏琴便与世长辞了，终年 69 岁。

在柏琴以前，人们的生活大都缺乏色彩。到他逝世时，世界却变得色彩缤纷了。这都和柏琴发明的第一种合成染料有着千丝万缕的关系。

点评

柏琴在合成奎宁的过程中偶然发现了紫色染料茂布，并把它应用于经营中，从而获得了成功。它启示我们成功往往与偶然联系在一起，从不同的角度去看问题，往往会“柳暗花明又一村”。

炸药大王——诺贝尔

诺贝尔这一名字在世界上几乎是家喻户晓，这不仅因为诺贝尔在化学化工发展史上做出了杰出的贡献，更重要的是他为了促进科学的发展而设置了世界瞩目的诺贝尔科学奖。诺贝尔科学奖的精神光芒四射，诺贝尔的名字流芳百世。

诺贝尔是怎样一个人？他在化学化工发展中做出了什么贡献？

诺贝尔知识丰富，兴趣广泛，是一个多才多艺的人。他对电学、光学、机械学、生物学、生理学都相当了解，时常把自己的研究和其他学科联系起来加以思索。他说："各种科学彼此之间是有内在联系的，为了解决某一科学领域里的问题，应该借助于其他有关的科学知识。"

就是这样的诺贝尔，任谁也想不到，他完全是自学成才的。

诺贝尔出生在瑞典首都斯德哥尔摩一个勤奋的家庭。父亲伊曼纽尔·诺贝尔是一位颇有才干的机械师、发明家。由于经营不佳，在瑞典屡受挫折，就在小诺贝尔出世的前一年，一场火灾烧毁了他家的全部家当，他们的生活完全陷入穷困潦倒的境地，靠借债度日。为躲避债主上门，伊曼纽尔只好单身离家出走，先到芬兰，后到俄国谋生。诺贝尔的两个哥哥就像安徒生童话里那个卖火柴的小女孩一样，也站在街头巷尾卖过火柴，以便赚几个钱帮助维持家庭生计。在那场大火中，诺贝尔的母亲为了救出孩子几乎丧了命，精神和健康都受到影响，加上生活艰难，诺贝尔从出生的第一天起，就纤弱多病，全靠母亲的精心照料，才活了下来。

由于健康不佳，他的童年没有像别的孩子那样调皮、活泼和欢快，当别的孩子们在一起玩耍时，他只能充当一个旁观者。童年生活的这一遭遇使得他的性格比较孤僻、内向。到了 8 岁他才上学，却只读了一年，这是他受过的唯一的学校教育。

伊曼纽尔的一些发明在俄国受到欢迎，经济状况开始好转，诺贝尔全家迁居到俄国的彼得堡。在俄国由于语言不通，诺贝尔和两个哥哥都进不了当地的学校，只好在家里请教师指导他们学习俄、英、法、德等语言。在有了一定的俄语基础后，再跟俄国教师学习自然科学和工程技术。

体质虚弱的诺贝尔学习特别勤奋，学识不亚于他的两个哥哥，他那好学的态度，不仅得到教师的赞扬，也赢得父兄的喜爱。然而，由于诺贝尔的二哥要回瑞典，兄弟3人只好停止了学业。诺贝尔来到他父亲开办的工厂当助手。他细心地观察和认真地思索，凡是经他耳闻目睹的那些重要学问都被他敏锐地吸收进去，生活本身成为他的大学。正是通过刻苦、持久的自学，他才逐步成长为科学家。

诺贝尔的父亲很关心小诺贝尔的兴趣爱好，常常讲科学家的故事给他听，鼓励他长大后做一个有用的人。有一次，诺贝尔看见父亲在研制炸药，睁着圆圆的大眼睛问："爸爸，炸药伤人，是可怕的东西，你为什么要制造它呢?"父亲回答说："它可以用来开矿、筑路，许多地方需要它啊!"诺贝尔似懂非懂地点点头，说："对，我长大了也要做炸药。"诺贝尔跟着父亲，看父亲设计和研制水雷、水雷艇和炸药，耳闻目见，在他幼小的心灵中，萌发了献身科学的理想。父亲也非常希望他学机械，长大后成为机械师。

17岁时，诺贝尔以工程师的名义远渡重洋。到了美国，在有名的艾利逊工程师的工场里实习。实习期满后，他又到欧美各国考察了4年，才回到家中。在考察中，他每到一处，就立即开始工作，深入了解各国工业发展的情况。

当时，许多国家迫切要求发展采矿业，加快采掘速度，炸药不能适应这种生产需要，对它进行改良成为一个亟待解决的大问题。了解了各国工业状况的诺贝尔，坚定了改进炸药生产的决心。就在这个时候，一个惊人的消息传来了：法国发明了性能优良的炸药。其实，这个消息是不确切的。原来，法国有名的军械专家皮各特将军，在研究改进子弹的射程和速度时，发现用现有的炸药，不可能有更好的结果，必须改良炸药。于是，陆军部组织力量，着手研究炸药了。这件事，促成了诺贝尔全力以赴，研究炸药。

诺贝尔一天到晚关在实验室里，查阅资料，一次又一次地做着各种炸药试验。他的父母明白搞炸药的危险，对他改变专业很不高兴。有一天，父亲对他说："孩子呀，你的职业是搞机械，应当集中精力干份内的事，别的方面还是不要分心为好。"诺贝尔说："改进炸药是很重要的，一旦用在生产上，就会给人类创造极大的财富。危险当然免不了，我尽量小心就是了。"从此，诺贝尔经常向亲戚朋友，宣传解释改进炸药的重要意义。这样，同情、赞助他的人越来越多，连反对他的父母，也被他的坚强意志所感动，只好默许了。

诺贝尔以其活跃的思维，经过50多次试验，终于在1862年完成第一项重要的发明。他先将硝化甘油装在玻璃管里，再把玻璃管放进装满火药的锡管内，再装上导火线。装好后，邀他两个哥哥来到河边，将导火线点燃，投入水中，"轰"一声，只见火花四溅，爆炸力果然比黑火药大。这表明他弄清了引爆硝化甘油的办法，但是这次爆炸的主体仍是黑火药，为此他继续潜心研究。

研究的道路是不平坦的。一次，在试验中发生了硝化甘油的爆炸，他们的实验室被炸成一片废墟，诺贝尔的5位助手，包括他的幼弟埃米尔都被当场夺去了生命，诺贝尔因当时不在实验室而幸免于难。挫折和不幸并未动摇诺贝尔的决心，他以不屈不挠的勇气把试验设备搬到郊外马拉湖中一艘平底船上，继续研究。经过一百多次的试验，他终于发明了装有雷酸汞的雷管，解决了炸药的引爆难题。这一发明可以说是爆炸科学中一次重大突破。

19世纪60年代中期，诺贝尔在温特维根找到一处新厂址，在那里建造了世界上第一个硝化甘油工厂。

诺贝尔还有一个伟大的胸怀，有一个崇高的夙愿。他与许多富豪不一样，他一贯轻视金钱和财产。当他母亲去世时，他将母亲留给他的遗产全部捐献给瑞典的慈善事业，仅留下慈母的照片作为纪念。他曾经说："金钱这种东西，只要能够解决个人的生活就行，若是过多了，它会成为遏制人类才能的祸害。对于有儿女的人，如果除去留给必需的教育费用外，再传给很多的财产，我认为那是错误的，这样只能鼓励懒惰，使他不能发展个人的独立生活能力和才干。"

他在逝世之前，决定把3 300万法郎作为基金，用每年的利息，分奖给世界上的杰出人物，促进科学文化事业的发展。他在遗嘱中说："这奖金不论国籍、人种和语言，只发给确实对人类有不可磨灭的贡献的人。

把这金钱，用在学术上和人道上吧！”正是依照这一思想，设立了关于物理、化学、生理和医学、文学、促进和平这5种奖项。

1896年，诺贝尔由于心脏病突发而与世长辞，终年63岁。他火化后的骨灰安放在斯德哥尔摩的郊外。

诺贝尔用铁铸的事实在人类历史上留下了光辉的一页。他的名字，他那百折不挠的研究精神，以及他出资设立的诺贝尔奖金，一直激励着全世界的科学家向新的高峰攀登。

“炸药大王”诺贝尔炸开了一条通往科学高峰的道路！

点评

对于人来说或许最重要的不是占有金钱，而是如何使用金钱。“炸药大王”诺贝尔用自己的财产设立了诺贝尔奖，这个奖项极大地促进了科学的发展，诺贝尔的名字也因此流芳百世。

爱玩的化学家——奥斯特瓦尔德

奥斯特瓦尔德，德国化学家。他提出化学平衡和反应速度的原理，并发明由氨氧化法制取氧化亚氮。

奥斯特瓦尔德出生于19世纪中期俄国统治下的拉脱维亚首府里加。他的双亲都是德国移民的后裔，父亲戈特弗里德·奥斯特瓦尔德是以制木桶为生的手艺人，曾在俄罗斯各地流浪，经受了各种艰难困苦。他在实际生活中悟出，要想生活得好一些，一定要有知识，他自己文化水平不高，却一定要把孩子培养起来。

少年时代的奥斯特瓦尔德精力充沛，有了探索科学的兴趣后，便开始向各个能施展能力的地方发展。11岁时，他偶尔得到一本制作烟花的旧书，奥斯特瓦尔德立刻兴趣盎然地研究起来。原本想向老师请教一下书中的疑难问题，但是老师并没有解答他提出的问题。这样一来，他只好在无人指导下自己动手，试做出各种颜色的烟花。

他和自己的朋友开始收集各种有用的材料，他的父母也很支持这一行动。母亲把省下来的钱交给他，让他购买硝石、硫黄和能够产生各种颜色的金属粉末，还把一些可以做实验用的器皿让他使用。制作烟花相当危险，特别是容易引起火灾。父亲再三考虑之后还是把地下室的一间屋子专门作为实验室，供儿子制作烟花使用。父母的支持使奥斯特瓦尔德更有信心了，经过试验烟花终于飞上了天空。当奥斯特瓦尔德看着那五颜六色的烟火在夜空中飞舞时，他心里得到了极大的满足。他第一次感到了自己有能力、有力量去完成自己想做的事情。

后来，奥斯特瓦尔德总结他克服困难，取得成绩的经验时说："在一切困难面前，有一个原则是有用的：你想去做某一件事，但又没有十分把握，最好的办法就是坚定信心。"但是这样的经验是片面的，那些不符合客观规律的事情，你的信心再坚定也是要失败的。

烟花制作成功，大大地提高了奥斯特瓦尔德的兴趣，他开始考虑制作一枚火箭，但火箭的制作难度和危险程度就更大了。在犹豫一段时间以后，他还是按捺不住激动的心情，决定动手制作。在小伙伴的共同努力下，一枚像样的火箭制作成功了，但是还需要试验，到底在哪里发射呢？小伙伴们经过讨论，认为应当在烟囱管道里发射，这样可能不会造成伤害。实际上，他们认为这些防范措施不过是多余的谨慎，因为他们当中的任何一个人对这次实验的成功都没有多少信心。然而，火箭发射成功了，它在烟囱里直冲而上。

这一成功鼓舞了奥斯特瓦尔德，引发了他对化学实验的兴趣，在试验的过程中不仅训练了他实验化学的技能，更重要的是在实验的过程中悟出了一些书上没有讲的解决问题的途径和简便方法，这些活动使奥斯特瓦尔德一生受益匪浅。若干年后，他成为很知名的化学家，由于他会吹玻璃，会木工和金工技术，尤其是善于为预定的目标设计和制造仪器设备，并灵活地装配和使用它们，因此总能达到所需要的实验结果。他的同事和学生无不为他超群和娴熟的实验技巧所折服。从兴趣出发由此而深入钻研是奥斯特瓦尔德走向成功的捷径，从兴趣出发自由放任是奥斯特瓦尔德屡遭失败的根源。

在兴趣的驱使下，不久奥斯特瓦尔德又迷上了照相，当时摄影技术还在发展时期，虽然19世纪60年代后期已经发明了赛璐珞，但是工业生产赛璐珞胶卷还是80年代中期以后的事情。那时照相底板都得由摄影者自己制作，奥斯特瓦尔德就根据当时已经发明的照相原理，自己动手制作了照相机底板和相纸。很多人都认为他不过是一时头脑发热，不会有什么结果，可奥斯特瓦尔德却出人意料地洗出了照片，令老师和家长倍感惊奇，大家都认为他是一个极聪明而又有才干的孩子。

这些有趣的活动锻炼了奥斯特瓦尔德解决问题的能力，也养成了他钻研问题的习惯，但是并没有促进他学业上的进步。本来是五年制的中学，奥斯特瓦尔德却花费了7年时间。一年级时，他还算可以，是个优等生，从二年级开始便成重读专业户了。广泛的兴趣和爱好使学习反倒成了“业余”的事情。二年级时重读了半年，三年级把主要精力又投入到各种有趣的化学实验中去，结果其他功课受到很大影响，只好重读一年。四年级又重读了半年。五年级虽然没有重读，但是毕业考试又遇到了更大的麻烦，俄语考试没有及格。虽然考试前与他要好的同学私下向他传授了蒙混过关的秘诀，但他却自以为是，并未采纳。在沙皇统治下的拉脱维亚，俄语考试是很重要的。虽然他得到了毕业证书，但是不能升入大学，必须再补习半年俄语，重新考试。可能是老师看奥斯特瓦尔德实在是过不了关，发了慈悲之心，才高抬贵手。考试前，他在老师指导下做翻译练习，十分“凑巧”的是，这些练习的最后部分正好就是考试中的题目，这样奥斯特瓦尔德总算有资格上大学了。23 岁时，他毕业于多尔帕特大学，3 年后获得哲学博士学位。毕业后，他成为里加工业学院教授。自此，奥斯特瓦尔德开始了化学动力学的研究生涯。

奥斯特瓦尔德的贡献是多方面的。他担任莱比锡大学教授期间，对瑞典化学家阿列纽斯弱电解质的理论进行了深入的研究，并且有所发展。他还从很多方面研究了催化过程，顺利地完成了命名氨氧化提取氧化氨的研究工作，为氨的合成创造了条件。这一成就使他得到世界科学界的高度评价，成为举世闻名的物理化学家。

他由于在物理化学方面所做出的重要贡献，于 1909 年获得诺贝尔化学奖。

点评

爱因斯坦曾经说过：“兴趣是最好的老师。”奥斯特瓦尔德小时候对化学的探索正说明了这一点。为什么有些事情我们总是做不好？静下心想一想，是我们真的做不好，还是从内心里就不想做？

分析化学的“麦加”

里查兹，美国著名的化学家。他一生在化学发展中的主要贡献是重新精确测量了相对原子质量。由于这项工作，他荣获了1914年诺贝尔化学奖。他是获得这种荣誉的第一位美国化学家，因而被人们尊称为物理和分析化学的“麦加”。

19世纪80年代末，里查兹从哈佛大学毕业。他来到哈佛大学化学教授库克所领导的实验室从事化学研究。

里查兹的第一个任务是精确测量相对原子质量。首先他精确地测定出氢和氧的相对原子质量比例为1∶15.96。后又致力于几种金属元素相对原子质量的测定。他从不同地方得到的铜，它们具有完全相同的相对原子质量，说明各地的铜都具有相同的性质。他又测定了镭和镍的相对原子质量。1904年，通过他和他的学生对卤化银的反复测定，证明银的相对原子质量是107.87。接着，里查兹领导着一个小组开始重新测定一些主要元素的相对原子质量，例如氮、氯、钠、钾等25种元素。里查兹的工作使那些已公认的相对原子质量得到了有意义的修正，这在化学史上具有重要意义。

里查兹在化学研究中的第二个重要贡献是他第一个用化学实验的事实验证了英国化学家索迪提出来的同位素概念。

到20世纪初英国化学家索迪提出了同位素假说，即存在有相对原子质量和放射性不同但其物理化学性质完全一样的化学元素变种。接着索迪又提出了放射性元素蜕变的位移法则。当时唯一能验证这些假说的方法是化学分析。精于相对原子质量测定技术的里查兹决定从事这项研究。根据位移规则推论，三个放射系列的最终产物都是铅，各系列的铅的相对原子质量究竟相同与否？为了验证同位素假说和位移规则的正确性，就应该精密测定不同来源铅的相对原子质量。里查兹仔细测定了不同来源的放射性矿中铅的相对原子质量。他测得普通铅的相对原子质量为

207.21；由最纯的镭蜕变最后生成的铅，其相对原子质量为206.08；钍矿中的铅，其相对原子质量为208；澳大利亚混合铅的相对原子质量为206.34。这些数值与蜕变假说的计算值极为符合，这就证实了蜕变假说的科学性，同时也确证了同位素的存在。

由于里查兹渊博的知识，出众的实验技巧，他被人们尊称为物理和分析化学的“麦加”，这个称呼充分说明了他是一位非常出色的化学家。

点评

正是因为精密的思维方式和严谨的求知态度，里查兹才可以精确测量相对原子质量。在生活中也一样，我们应该保持严谨求实的态度。

失聪化学家席格蒙迪

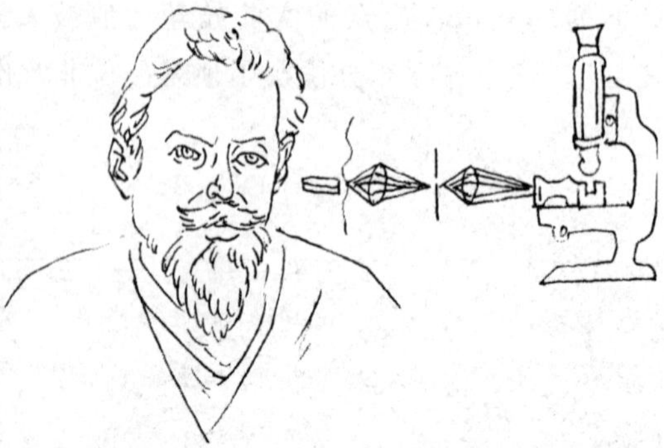

理查德·席格蒙迪，德国化学家，他毕生致力于胶体化学研究，发明了超显微镜，1925年，获得诺贝尔化学奖。

理查德·席格蒙迪，出生于19世纪70年代的奥地利维也纳。他的视力非常好，一般人在强烈的阳光下，才能看见空气里有悬浮尘埃，可他不在阳光下，也能看得十分清楚。他家是一个爱好音乐的家庭。父母期望自己的孩子都能成为音乐家，可席格蒙迪的弟兄们虽然个个有着超乎常人的视觉，听觉却完全不行。这一点使做父母的很失望。

席格蒙迪过了16岁之后，听力显得更差了。如果人们说话的声音不够高，他就可能完全听不见。这是他生理上的一大缺陷，但这种缺陷对他却有着莫大的益处。每当他用功沉思时，尽管人们在他的旁边高声说笑，他也会置若罔闻，一点也不受影响。

席格蒙迪从小就养成了良好的习惯，干什么事都很认真，从不马虎了事，衣服上哪怕有一点污渍，他也不会放过，非脱下来洗掉不可。至于学习，那就更加刻苦认真了。他把看书学习看得比吃饭睡觉还重要。16岁时他就进入大学学习，他是维也纳大学当时最年轻的学生，对化学分析有着浓厚的兴趣。他特别善于观察，有时他的实验结果，比教授们做得还要准确。

33岁时，他远赴德国东部的耶拿城，担任丘德·吉诺森玻璃厂的化验员工作。正是在这里，他发现了黄金以极细的颗粒分散在水中形成的所谓胶状金，能够制造光泽像红宝石一样的玻璃。这一秘密是由金属演变为很细的溶胶状态的缘故。

溶胶就是一种分散体系。其实在自然界及工业生产中，常常遇到一种或几种物质分散在另一种物质中的分散体系。譬如不同矿物分散在岩石中生成各种矿石；空气分散在泥土中使土壤松软；颜料分散在油中成油漆或油墨等都是分散体系。而固体以极微细的颗粒（大小约在几百万分之一米）分散在液体中的分散体系，就称为溶胶。

席格蒙迪深入地研究了这些溶胶的性质，他还发现，可以用电解的方法来分散或提取这些金属的细微碎粒。

席格蒙迪所进行的如此精密的实验，引起了一些专家的注意。首先对这一研究感兴趣的是耶拿城蔡斯工厂的化学家 H. 西登托夫。当时蔡斯是全球闻名的德国工业机构，有世界第一流的化验室设备。由于西登托夫的保荐，蔡斯当局不惜拨出一笔庞大的专款供他使用。

席格蒙迪所研究的胶体化学，跟我们日常生活有着密切的联系。比如面团、乳汁、油漆、土壤等，都属胶体范围。

但是怎样能够直接观察胶体微粒，长期以来一直是人们感兴趣的课题。经过一段时间的专心研究，席格蒙迪终于研制出一台极精细的超显微镜。利用这台超显微镜，人们可以观察到直径只有一亿分之一米的任何细粒的形状。这种显微镜制造成功后，所有烟雾、泡沫、薄膜、溶胶细粒的情况，人们都可以观察得一清二楚，科学界对此十分重视。贝仑用席格蒙迪所发明的仪器做了如下试验：他把一定大小的藤黄小球悬浮在水中，结果发现由于受到地心引力的作用，形成了沉降平衡，并由此可以求得自然科学中的一个重要常数——阿伏加德罗常数。后来，席格蒙迪又用实验证明，溶液的色泽和溶液的量有关。接着他又以电解的方法阐明了怎样保护胶体使它稳定，以及怎样破坏胶体，使它凝结沉淀出来。这样一来，他就解决了生物化学、细菌学、土壤物理学上许许多多原来解决不了的难题。这时，他虽然在学术上成功了，可是他两耳的听力却变得更差，近乎聋了。

席格蒙迪对自己一生的治学之道，有过如下的总结：他认为真正聪明的人，应懂得如何充分运用自己的特长，而竭力避免自己的短处。

43 岁那年他离开耶拿，前往哥丁根大学担任无机化学教授，在这里执教达 20 年之久。其间他除了讲学外，就从事科学研究。由于他身体上有着先天的缺陷，好静而不好动，晚年他显得衰老了，视力也差得多了。

1929年他因病去世，终年64岁。

就在他逝世的前4年，因为他毕生在胶体化学研究上有卓越贡献及发明了超显微镜，而荣获了1925年度的诺贝尔化学奖。

据席格蒙迪的学生们说，在他的谈吐里，从来没有用过“大概”这一类的字眼。他不说模棱两可的话，也从不做似是而非的表示。他认为研究科学应该是就是，非就非。他常告诫后辈：“在科学里没有差不多，我希望你们无论做什么实验，答案至少要求到小数点后面的第三位数。”“不学无术，盲从一生，这比判无期徒刑还要痛苦。因为无期徒刑者，终生囚于狱中，还知道他要死于狱中；而不学无术者，至死还不知其所以然。人和禽兽的不同，在于人有知识和特长，否则活了一辈子也是糊里糊涂。”席格蒙迪关于治学的精辟论述至今仍在鼓舞着人们。

点评

美丽的千手观音的舞蹈和席格蒙迪的故事有异曲同工的妙处。它们的成功都是努力刻苦、扬长避短的结果。我们每一个人都有缺点或错误，也有的人有先天上的残缺。即使这样，只要发挥自己的优点，就会抓住成功的机遇。

镭的“母亲”居里夫人

居里夫人是原子能时代的开创者之一，是第一个荣获诺贝尔科学奖的女科学家，也是第一个两次荣获诺贝尔科学奖的科学家。

居里夫人，波兰人，出生于华沙，父亲是中学校长，妈妈也是中学教员。他们一共有5个孩子，居里夫人最小。爸爸妈妈给她起了个名字叫玛丽·斯可罗多夫斯卡。波兰人喜欢用爱称，因此，小时候全家都亲热地喊她“玛丽”。

居里夫人的童年是很不幸的。妈妈得了非常严重的肺病，因为怕传染给小女儿，从来没有亲过她一下，是大姐代替母亲照顾她长大的。在居里夫人还不满10岁的时候，大姐和妈妈就都病死了。从此，居里夫人更没人来照顾了。爸爸斯可罗多夫斯基性格耿直，有强烈的爱国心。

当时，波兰早已被俄国、德国、奥地利三国瓜分了，华沙处在沙皇亚历山大二世的残暴统治之下。居里夫人的爸爸由于不肯做沙皇的驯顺“臣民”，被降职降薪，受到特务们的监视。外国统治者的残酷压迫，使斯可罗多夫斯基先生十分愤懑。这个教书先生本来就不会管理家务，妻子死后，他带着4个十几岁的儿女过日子，生活中充满了艰辛。居里夫人在这样的环境里长大，从小就磨炼了非常坚强的性格和培养了独立生活的能力。

她像父亲一样，热爱自己的祖国。那时候，俄属波兰成了沙俄的一个省，广大人民十分痛恨侵略者的头子沙皇亚历山大二世，就在这个暴君被刺杀、沙俄政府强迫全体波兰人哀悼的时候，居里夫人却高兴极了。她竟敢在教室里，和一个女同学热烈地欢呼着“万岁！万岁！”并且激动地围着课桌跳起舞来。

居里夫人学习非常勤奋刻苦，她从上小学开始，每门功课都考第一。居里夫人从小就非常喜欢各种实验仪器，那些精巧的玻璃瓶，五颜六色的药水，在她幼小的心灵里激起了层层浪花。后来，她又读了许多有趣的自然科学书籍，更使她充满了幻想。她是多么渴望到科学世界去探索，去揭开大自然的一个又一个秘密！居里夫人急切地盼望着能够早日去上大学。

24 岁时，在父亲和姐姐的帮助下，居里夫人来到巴黎大学理学院，开始了她盼望多年的大学生活。她决心学到真本领，因而学习非常勤奋用功。

开学以后，居里夫人因为强烈的求知欲望，所以全神贯注地听每一堂课，做每一道题。她最喜欢听李普曼教授的课，并且在他的指导下做实验。保罗·阿佩尔教授的课，也引起了她极大的兴趣。这位学者，知识渊博，想象力丰富，好像整个宇宙都握在他的手心里一样。他在讲天体物理的时候说："我拿起太阳来，再把它扔出去……"居里夫人听得都入迷了，她那浅灰色的眼睛里，闪动着兴奋的光芒。她想：为什么有人会觉得学习科学枯燥无味呢？还有什么能比掌握支配宇宙的规律更吸引人，能比发现宇宙的不变定律有更大的乐趣呢？

为了节省时间和集中精力，也为了省下乘马车的费用，入学 4 个月后，居里夫人迁入学校附近一住房的阁楼居住。这阁楼没有火，没有灯，没有水，只在屋顶上开了一个小天窗，依靠它屋里才有一点光明。一个月仅有 40 卢布的她，对这种居住条件已很满足。为了节省灯油和取暖费，天一黑，她就跑到附近的圣日内维埃尔图书馆去，那里成了居里夫人的"幸福收容所"。图书馆里有明亮的煤气灯，也很暖和，她每天坐在那张长方形的大桌子前面，认真读书，一直到晚上 10 点图书馆关了门才走。回到小阁楼以后，她经常学习到深夜两点，实在困极了，才上床睡觉。冬天，屋里冷得很，冻得睡不着，把所有的衣服都盖在身上，还是不顶用，她就提起一把木椅子压在被子上，天真地幻想从重量中求得一丝温暖！

她一心扑在学习上，清贫艰苦的生活日益削弱她的体质，然而丰富的知识使她心灵日趋充实。她的学习成绩使同学们羡慕，使教授们惊异。每个学期考试，居里夫人都名列前茅。入学后两年，也就是 1893 年，她充满信心地参加了物理学学士学位考试，在 30 名应试者当中，她得了第一名。第二年，她又以第二名的优异成绩，考取了数学学士学位。

居里夫人的勤勉、好学和聪慧，使她赢得了李普曼教授的器重。在荣获物理学硕士学位后，她来到了李普曼教授的实验室，开始了她的科研活动。就在这里，她结识了年轻的物理学家皮埃尔·居里。

皮埃尔·居里生于巴黎一个医生家庭。幼年时，因为他具有独特的富于想象的性格，他父亲没有把他送进学校，而是在家里自行施教。这种因材施教使皮埃尔 16 岁通过了中学的毕业考试，18 岁通过了大学毕业考试并获得了理科硕士学位。19 岁被聘任为巴黎大学理学院德山教授的助手。21 岁发现了电解质晶体的压电效应。24 岁时被任命为新成立的巴黎市理化学校的实验室主任。当他与居里夫人相识时，他已是一位有作为的物理学家了。

由于志趣相投、相互敬慕，居里夫人和皮埃尔之间的友谊发展成爱情，组成一个志同道合、和睦相亲的幸福家庭。

1896年法国物理学家贝克勒尔发现铀和铀的化合物具有一种特殊的本领，它能自动地、连续地放出一种眼睛看不见的射线。这种射线既和一般光线不同，能透过黑纸使照相底片感光，使气体电离；也和不久前伦琴发现的X射线不同，在没有高真空气体放电管和外加高电压的条件下，却能从铀和铀盐中自动发生。这一发现引起居里夫妇的极大兴趣，这是一个极好的研究领域。在一间原来用作储藏室的闭塞潮湿的房子里，居里夫人利用极其简单的装置，开始向这个新领域进军。仅仅几个星期，她便取得可喜的成果。她证明铀射线的强度是和物质中的含铀量成比例，而和铀存在的状态（指单质状态或化合状态），以及外界条件（指压力、温度以及是否照光或放置在电场、磁场之中等等）并没有什么关系。

在研究过程中，她还给自己提出了许多问题：有什么根据可以认为铀是唯一能发出这种射线的化学元素？为什么别的元素不能有同样的力量？贝克勒尔发现铀里面有这种射线，会不会是偶然的？为什么人们不到别的地方去找找看呢？

居里夫人果断地决定：把所有已经知道的化学元素和它们的化合物都检查一遍，看看有没有什么其他的物质也具有这种放出射线的本领。经过这次全面的检查，果然，居里夫人获得一次重要的发现，一种名叫钍的元素和它的化合物，也能自动发出看不见的射线来。这样，居里夫人足以断定，这种现象决不单单是铀的特性。她认为，应当给这种现象确定一个新的名称。她提议把这种现象叫做“放射性”，铀和钍等有放射性的化学元素叫做“放射性元素”，它们放出的那种看不见的射线就叫做“放射线”。

在研究放射线的一次测量中，出现了一个十分意外的情况：在一种沥青铀矿中，居里夫人测得的放射性强度，比预计的强度要大得多！

居里夫人经过反复考虑，她认为，这种反常现象只有一种合理的解释，那就是：沥青铀矿石中，一定还含有一种未知的放射性更强的元素，这种未知元素的含量一定很少，不会超过1%，于是，她宣布沥青铀矿中“含有一种比铀的放射性强得多的元素”。为了找到这个元素，丈夫皮埃尔·居里毅然停下自己的研究，来和妻子一道研究这种新元素。

他们废寝忘食，夜以继日，按照化学分析的程序，分析矿石所含有的各种元素及其放射性，几经淘汰，逐渐得知那种制造反常的放射性的未知元素隐藏在矿石的两个化学部分里。经过不懈的努力，1898年，他们从沥青铀矿石中分离出一种同铋混合在一起的物质，并且测量出它的放射性强度远远超过铀，这是他们寻找到的一种新元素，它的化学性质与铅相似，放射性比铀强400倍。

皮埃尔请居里夫人给这一新元素命名，她安静地想了一会，回答说："我们可否叫它为钋"。居里夫人以此纪念她念念不忘的祖国，那个在世界地图上已被俄、德、奥瓜分掉的国家——波兰。这个新发现的钋，就是后来被列为《元素周期表》上的第84号元素。

发现钋元素之后，居里夫妇以孜孜不倦的精神继续进行分析。他们经过浓缩、分步结晶，终于在同年12月得到少量的不很纯净的白色粉末。这种白色粉末在黑暗中闪烁着白光，据此居里夫妇把它命名为镭，它的拉丁语原意是"放射"。

对于居里夫妇的发现，一些化学家明确地表示，把镭指给我们看，我们才相信它的存在。要从铀矿中提炼出纯镭，并把它们的相对原子质量测出来，这是一个非常大的课题和难题。为了克服这一困难，他们四处奔波，争取有关部门的帮助和支援。在他们的努力下，奥地利馈赠1吨铀矿残渣。他们又在理化学校借到一个破漏棚屋，开始了更为艰辛的工作。

居里夫人和她的丈夫就是在这间陋室内开始了提炼镭的工作。每天居里夫人穿着沾满灰尘和污渍的工作服，翻倒矿石，搅拌冶锅，倾倒溶液，干个不停。矮小的实验室内，铁屑飞扬，蒸汽熏人，而居里夫人那时又正害着结核病，但她丝毫不顾这些，依然顽强地工作。经常连饭都带到实验室来吃，更不说稍微休息一会儿了。有时候整天用一根粗重的铁条，搅拌一堆沸腾的东西。到了晚上，早已是筋疲力尽，不能动弹。

就这样，经过45个月的艰苦努力，居里夫妇终于从400吨铀沥青矿渣，1 000吨化学药品和800吨水中，提炼出微乎其微的约0.1克的一种白色粉末状的东西，两人大失所望，因为他们认为镭应是一种结晶体的物质，两人灰心地回了家。

晚上9点钟，居里夫人给女儿洗了澡，然后哄着她入睡了。她走下楼来，拿起针线，想接着把女儿的新围裙缝好。可是，却怎么也不能专心缝纫，在那个小棚屋的实验室里，她还有一个刚刚诞生的不知名的"孩子"呀！她轻轻地说了一声："皮埃尔，我们到实验室去一下好吗？"于是，他们穿上外衣，挽臂而行。一路上，话语极少。她想起了在祖国给人做家庭教师的情景，想起了理学院附近那间小阁楼，想起了他们勇敢地宣布发现镭的那一天。

到了，还是那一间小破屋。居里先生打开锁，他刚跨入门槛，居里夫人说道："不要点灯！"她微笑着又说了一句，"'我希望镭有美丽的颜色'！这是你说过的话，不记得吗？"看见了！看见了！美极了！美极了！这间破屋简直成了一座魔宫。那个装着镭盐的白色粉末的小玻璃管里，正在发着一种略带蓝色的荧光，这是神圣的科学之光啊！镭不仅有"美丽的颜色"，还自动发光，这是在它"诞生"之前，谁也不曾料到的！居里夫妇摸到椅子，轻轻坐下来，相互依偎着，谁也不说话，深沉地、久久地凝视着那美丽的光，这是他们抛弃一切安闲和享乐，费尽全部心血和智慧，才从那无限神秘的天然放射性物质里夺来的一束永恒之光啊！

就这样居里夫妇提炼出了 0.1 克的纯镭，并测得镭的相对原子质量为 225，而居里夫人的体重却因此而减轻了十多斤！

居里夫人提炼镭成功之后，曾有人劝他们向政府申请专利权，垄断镭的制造，可以发大财。皮埃尔让居里夫人作决定，居里夫人说："不应当要专利，那是违背科学精神的。科学家的研究成果应该公开发表，别人要研制，不应受到任何限制，何况镭是对病人有好处的，我们不应当借此来谋利。"他们夫妇立即公开了提取镭的方法。

1934 年 7 月 4 日，这是科学史上永远发出悲声的一天。居里夫人非凡的头脑停止思考了！神圣的科学事业，本来需要她活得更久，然而她却在 67 岁的时候，永远地离开了人间。她最后死于恶性贫血症，这是她长期无畏地和强烈放射性物质打交道造成的。她创造、发展了这门科学，然而它也夺去了她的生命！她最后对亲人嘱咐说，决不要为她举行惊动社会的葬礼，她希望埋到巴黎郊区的梭镇，永远和皮埃尔·居里在一起！

著名学者爱因斯坦曾经这样评价居里夫人："在我所认识的所有著名人物里面，居里夫人是唯一不为盛名所倾倒的人。"居里夫人曾坚定地说："在科学上重要的是研究出来的'东西'，不是研究者'个人'。"这也正是居里夫人伟大之处。

点评

一个人的伟大并不在于他的成就大小，而在于他的品质。居里夫人用自己的品行赢得了世界人民的同情、支持和敬仰。她所建立的勋业和她所具有的品质深深地留在后人的印象中，成为科学家和广大青少年学习的楷模。

化学猜想

门捷列夫的预言

我们已经知道门捷列夫在元素周期的发现上做出了重大的贡献，他编成了自己的元素周期表。根据自己的周期表，在1871年他突然宣布，一定存在一种元素，他称为“类铝”，虽然他们不曾相见，但门捷列夫知道它的相貌、性格和脾气，而且说得有声有色、活灵活现，难道门捷列夫是算卦先生吗？不是，他有着充分的理论根据，只是在元素性质周期律的基础上进行一次大胆预言。

但是这个预言发表后在相当长一段时间内没有引起化学家的注意。

到了19世纪70年代中期，一位靠自学成长起来的法国化学家布瓦博德朗，当对铝和铊的光谱性质进行研究时，意外地发现两条从未见过的紫色谱线，布瓦博德朗肯定这是一种新的元素产生的。接着，布瓦博德朗制得了纯净的这种新元素单质，这种物质最吸引人的地方是，你把这种金属放在手中，它就会自动熔化为液体。它的熔点仅有29.8℃。他在法国科学院《科学报告集》上公布了自己的新发现，并给出了有关这种新元素的性质。可是不久，他收到了一封来自彼得堡的信，署名是门捷列夫。门捷列夫在信中以非常肯定的语气指出了布瓦博德朗关于新元素性质测定的不准确性，尤其是密度，不应该是4.7g/cm^3，而应在

$5.9g/cm^3$ 到 $6.0g/cm^3$ 之间。当时布瓦博德朗很疑惑，他明知世界上自己是独一无二在手中有这种新元素单质的人，门捷列夫怎么知道这种元素的密度的呢？布瓦博德朗是个非常谦虚谨慎的人，那就不妨再试试，于是他又重新仔细地做了密度实验，结果确定是 $5.94g/cm^3$，与门捷列夫的预言完全一致。这件事在当时化学界引起很大的轰动，人们大为叹服门捷列夫周期表的伟大意义和他的远见卓识。大家懂得了这项发现是极不平凡的事，在寻取新元素的航行中，意外性和盲目性的牢笼已经被打破，从此人们可以在门捷列夫周期表的指引下进行了。

门捷列夫为元素周期律的揭示做出了卓越的贡献。他的出色之处是敢于对当时公认的相对原子质量提出质疑，并大胆地给未发现元素预留空位，还准确地预言了这些元素的性质。对此他自己曾评价道："定律的确证只能借助于由定律引申出来的推论。这种推论，如果没有这一定律便不能得到和不能想到，其次才是用实验来检验这些推论。因此我在发现了周期律之后，就多方面引出如此合乎逻辑的推论，这些推论就能证明这一定律是否正确，其中包括未知元素的特征和修改许多元素的相对原子质量。没有这种方法就不能确证自然界的定律。不论法国人所推崇为周期律发现人的尚古多也好，英国人所推崇的纽兰兹也好，另一些人认为的周期律创始人迈耶尔也好，都没有像我从最初做起的那样，敢于预测未知元素的特性，改变'公认的相对原子质量'，或一般说来，把周期律认作是一个自然界中结构严密的新定律，它能够把散乱的材料归纳起来。"

从这段话可以看出，门捷列夫当时就将各元素的性质、周期律、推论和实验验证看成一体，他自觉或不自觉地具有普遍联系的辩证思想。

1882 年，门捷列夫与迈耶尔共同作为元素周期律的发现人获得了英国皇家学会的最高荣誉——戴维奖章。

门捷列夫小传

门捷列夫出生于俄国西伯利亚的托波尔斯克市。他父亲是位中学校长。在他出生后不久，父亲双眼因患白内障而失明，一家的生活全靠他母亲经营一个小玻璃厂而维持着。13 岁时，双目失明的父亲又患肺结核而死去。意志坚强的母亲不管生活多么困难，都坚持让孩子们接受学校教育。

门捷列夫读小学时，对数学、物理、历史课程感兴趣，对语文、尤其是拉丁语很讨厌，因而成绩不好。他特别喜爱大自然，曾同他的中学老师一起去长途旅行，搜集了不少岩石、花卉和昆虫标本。他善于在实践中学习，中学的学习成绩有了明显的提高。后来他进入彼得堡高等师范学校物理数学系。门捷列夫的天才在这里获得了迅速和多方面的发展。

25岁时，他获准去德国海德堡本生实验室进行深造。因为他恰好在德国，所以有幸和俄国化学家一起参加了在德国卡尔斯鲁厄举行的第一届国际化学会议。会上各国化学家的发言给了门捷列夫以启迪，特别是康尼查罗的发言和小册子。门捷列夫是这样说的："我的周期律的决定性时刻是在1860年，我参加卡尔斯鲁厄代表大会。在会上我聆听了意大利化学家康尼查罗的演讲，正是他发现的相对原子质量给我的工作以必要的参考材料……而正是当时，一种元素的性质随相对原子质量递增而呈现周期性变化的基本思想冲击了我。"从此他有了一个目标，并为此付出了艰辛的劳动。

从1862年起他对283种物质逐个进行分析测定，这使他对许多物质和元素的性质有了更直观的认识。他重新测定一些元素的相对原子质量，因而对元素的这一基本特征有了深刻的了解。他对前人关于元素间规律性的探索工作进行了细致的分析。

他坚信元素相对原子质量是元素的基本特征，同时发现性质相似的元素，它们的相对原子质量并不相近。相反，一些性质不同的元素，它们的相对原子质量反而相差较小。他紧紧抓住相对原子质量与元素性质之间的关系作为突破口，反复测试，不断思索。他在每张卡片上写出一种元素的名称、相对原子质量、化合价、化合物的化学式和主要的性质。就像玩一副别具一格的元素纸牌一样，他反复排列这些卡片，终于发现每一行元素的性质，尤其是元素的化合价，都在按相对原子质量的增大而逐渐变化，周而复始，也就是说元素的性质随相对原子质量的增加而呈周期性的变化。第一张元素周期表就这样产生了。

门捷列夫除了发现元素周期律外，还研究过气体定律、溶液化学理论、气象学、石油工业、农业化学、无烟火药、度量衡，在这些领域里他都能辛勤劳动、大胆探索。

1887年发生日食的时候，为了观察天象的变化，他不顾家人和朋友的劝阻，一个人乘着气球上升到空中。这个气球被风刮到很远的地方才降落下来，许多人替他捏了一把汗。他这种为科学不顾生命危险的精神鼓舞了许多俄罗斯青年。

他还热爱文学艺术，每晚都阅读文艺作品。他的夫人波波娃善于绘画，他们家里挂了许多著名科学家的画像，都出于他夫人的手笔。他们的家庭生活是美满的，一共有 6 个儿女。

这位伟大的科学家永远也忘不了他深深敬爱的母亲。他曾在一部有关溶液的著作的前言中写下了这样一段话：

“这部著作是一个小儿子献给母亲的纪念品。为了使这个儿子能得到很好的科学教育，她曾经耗尽了最后的精力。临终时，她还说，‘不要幻想，要坚持工作，耐心地寻求科学的真理吧。’——我将永远记着母亲临终的遗言。”

20 世纪初的一天，这位享有世界盛誉的俄国化学家因心肌梗死与世长辞，那一天距离他的 73 岁生日只有 6 天。

点评

任谁也想象不到，严谨的化学理论也可以与预言画上等号。门捷列夫用自己天才的化学头脑，凭借充分的理论根据，在化学元素性质周期律上进行了一次大胆预言，并取得了成功。这个故事启示青少年科学成果的出现也需要丰富的想象力。

元素周期表的空白能填满吗

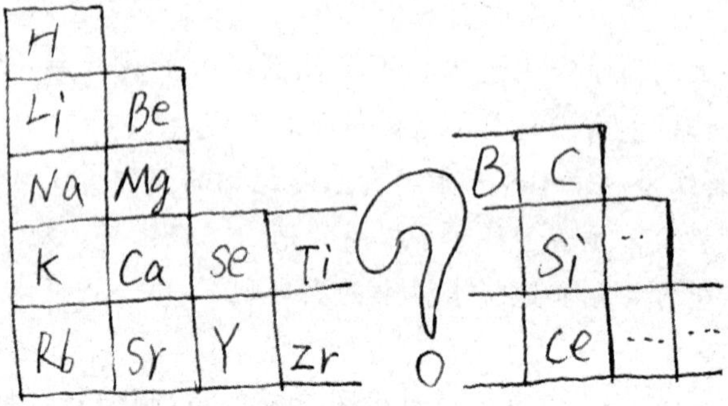

到目前为止，得到世界各国科学家公认的化学元素，总共是107种，它们依次排列在元素周期表上。但是元素周期表并没满，还有许多的空白等待填充。那么，人们不禁要问，世界上到底有多少种化学元素？人们会不会无休止地把化学元素逐个制造出来？

这个问题引起了激烈的争论。有人认为，从100号元素镄以后，人们虽然合成了许多新元素，但是这些新元素的寿命越来越短。像107号元素，只能活1毫秒。照此推理下去，108号、109号、110号……这些元素的寿命更短，因此人工合成新元素的希望将会越来越渺茫。他们预言，即使今后人们还可能再制成几种新元素，但是已经为数不多了。

这些科学家们经过推算，认为当元素的原子核中质子数为2，8，20，28，50，82，或者中子数为2，8，20，28，50，82，126时，原子核就比较稳定，寿命比较长。根据这一理论，他们预言114号元素，将是一种很稳定的元素，寿命可达1亿年！也就是说，人们如果发现了114号元素，这元素将像金、银、铜、铁一样“长寿”，可以在工农业生产中得到广泛应用。

科学家甚至根据元素周期表，预言了114号元素的一些特征：它的性质类似于金属铅，目前可称它为“类铅”。它是一种金属，密度为16克/厘米^3，沸点为147℃，熔点为67℃。它可以用来制造核武器。这种核武器体积很小，一颗用114号元素制成的小型核弹，甚至可放在手提包中随身携带！

另外，科学家们还推算出，110号和164号元素也将是一种长命的元素，可以活 1 000 万年以上。

德国科学家“跳”过 108 号元素，制得了第 109 号元素。第 109 号元素是“短命”的元素，它只存在 1/5 000 秒，马上便分解了。化学在前进，化学在发展。在不久的将来，化学的历史将要揭开新的篇章。

点评

在门捷列夫整理出化学元素周期表之后，人们就发现了一个现象，即化学元素周期表不是完整的，它有许多空白等待填满。于是，化学家们开始了寻找元素的旅程。我们相信，总有一天会出现一张完整的元素周期表。

未来能出现“植物化学”吗

绿色植物，维系着生态平衡，使万物充满生机。从化学角度上看，它还微妙而准确地反映着我们周围环境的特征和变化，供给人类许多有用的信息和物质，人们正在试图研究它们的化学变化，并从中总结出规律。

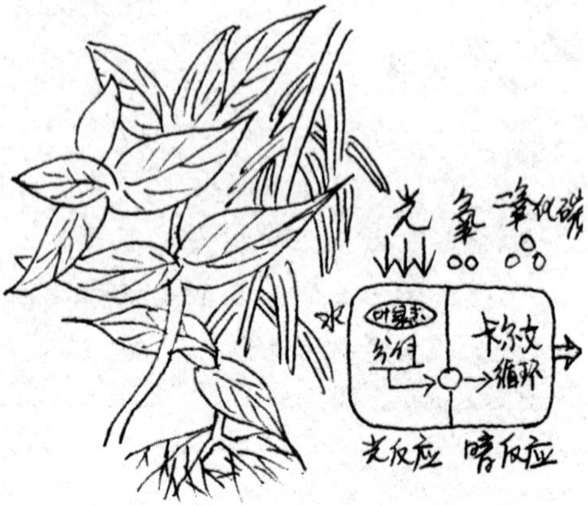

绿色植物是庞大的“吸碳制氧厂”。植物的绿叶吸取空气中的二氧化碳，在日光和叶绿素的作用下，与植物吸收的水分发生反应，形成葡萄糖，同时放出氧气。葡萄糖随着植物液汁散布到整个植物体内，成为合成各种植物生长所必需的物质的原料。一部分植物被动物摄取后，在体内水解并进一步氧化，同时又将有机物中的碳转化为二氧化碳（CO_2），排入大气或海洋中。

在“环境污染日益严重”的呼声中，绿色植物起着“报警器”的作用。在低浓度、很微量污染的情况下，人是感觉不出来的，而一些植物则会出现受害症状。人们据此来观测与掌握环境污染的程度、范围及污染的类别和毒性强度，进而采取相应的措施和对策，及时提出治理方案，防止污染对人体健康的危害。

如当你发现在潮湿的气候条件下，苔藓枯死；雪松呈暗褐色伤斑；棉花叶片发白；各种植物出现“烟斑病”。请注意，这是二氧化硫污染的迹象。菖蒲等植物出现浅褐色或红色的明显条斑，是氮氧化物中毒的不祥之兆。假如丁香、垂柳萎靡不振，出现“白斑病”，说明空气中有臭氧污染。

绿色植物是空气天然的“净化器”，它可以吸收大气中的二氧化碳、二氧化硫、氯气及汞蒸气等。据统计，全世界一年排放的大气污染物有6亿多吨，其中约有80%降到低空，除部分被雨水淋洗外，大约有60%是依靠植物表面吸收掉的，如 1 公顷柳杉可吸收 60 千克 SO_2。

绿色植物是一个大“化工厂”，不但制造养分储藏在土壤中，而且它本身全是宝。木材经过机械和化学加工，可以产生胶合板、刨花板、纤维板，制成纸浆、人造丝、人造毛，还可以制成多种糖类和甲醇、乙醇、糖醛、活性炭、醋酸等。树木的枝、梢、叶可作饲料、肥料、燃料。有些树木的皮、根、树液还可提炼松香、橡胶、栲胶、松节油等工业原料。

可见，自然界的绿色世界是多么神秘和魔幻，多么神奇和瑰丽。

点评

绿色世界中的化学反应是异常复杂多变的，人们对它的认识大部分还处在“知其然，不知其所以然”的状态，有待进一步去研究。或许有一天，植物会成为我们化学研究的一个分支，诞生一门植物化学。

奇妙的矿物质元素

许久以前，有个蒙古族奴隶，受王爷之命去狩猎。随着弓弦响声，一头梅花鹿应声中箭。受了伤的梅花鹿，奋力跃进一处泉水里，挣扎着游上彼岸，竟像没事似的，一溜烟逃得不见踪影。凶残的王爷，硬说奴隶故意放走了梅花鹿，就打断了他的双腿，这个奴隶拖着断腿在草原上爬行，他找

到了那处泉水，头无力地垂下，浸在水里，本能地吮吸着甘甜的泉水。奇迹出现了，他觉得伤口不那么痛了，一会儿便坐了起来，他用泉水洗涤伤口，几天后，断腿居然接好。这是在内蒙古自治区的大草原上广为流传的阿尔山宝泉的故事。

这虽然是一种神奇的传说，但现代化学家们发现矿泉水中溶解了大量的矿物质元素，对多种疾病是有特殊疗效的。现代医学研究表明，生理上不可缺少的矿物质化学元素，有 15 种之多。钙能强筋壮骨，调适心跳频率、血凝速度和神经传导等功能；还可消除紧张，防止失眠。缺钙的人，骨骼易折。

人体血液中，起输氧作用的血红素，就是一种含铁的物质。缺铁会引起贫血，使人气短、晕眩、倦怠，精力无法集中，影响工作和学习。芹菜等蔬菜、鸡蛋以及动物的肝脏里，都含有大量的铁，但这还远远不够，还必须口服一些维生素 E，作为补充。

锌还能防止动脉硬化、皮肤疾病。缺锌可引起侏儒症、皮肤病等；癌症的成因，也与缺锌有关。应多吃一些富锌的食品，如海味、豆类、动物肝脏等。每天还可吃 15～30 毫克的硫酸锌或葡萄糖锌，以补偿人体发育之不足。

钠、钾的作用，早为人们所熟知；氟可促进血红蛋白的形成，可使钙在骨骼和牙齿中积聚；碘可防治甲状腺肿；镁能使肌肉富有弹性；铬、硒等稀有元素，可使人长寿……

人们为什么能生命不息？是矿物质化学元素的功劳。有人称颂矿物质化学元素是生命的源泉，一点也不过分。

点评

提起矿物质，可以说是无人不知、无人不晓，它们对我们人类至关重要。它们是我们人类进行各种活动的动力，是人类生命的源泉。

"罪魁祸首"锡

一百多年以前，俄国彼得堡（现名圣彼得堡）的军装仓库，发生了一件奇怪的案件：军服上的锡纽扣，几天间忽然像得了什么传染病似的，全部都布满了黑斑。这黑斑不断扩大，没多久，一个个纽扣全变成灰色的粉末。"这是谁在捣蛋?"沙皇知道了这件事后大发雷霆，勒令一定要把"罪魁"找出来。不久，"罪魁"被化学家们找到了。原来这是寒冷天气搞的鬼。

锡非常怕冷。在通常温度下，白锡的晶体是稳定的，白锡是由一些四方晶系的锡晶体组成的。如果温度降得很低，锡晶体中的原子就会重新排列，从四方晶系向立方晶系转化，这时它的体积变大，整块的白锡就变成了粉末状的灰锡。人们常称锡的这种变化为"锡疫"。"锡疫"的速度与温度关系很大，即使在零度以下的冬天，你家的锡壶照样可以使用，这是因为从白锡到灰锡的转化很慢，以至于我们观察不到，但当温度降到零下四十度以下时，白锡到灰锡的转化很快，一块白锡一会就变成一堆灰粉。另外这种"锡疫"是会"传染"的，如果你把患有"锡疫"的锡器与"健康"的锡器相接触，"健康"的锡器也会很快染上"锡疫"。因为少量灰锡的存在，可以大大加快白锡到灰锡的转变过程。

锡也非常怕热。当温度升高到160℃以上时，白锡又会转变为斜方晶系的菱形锡，菱形锡很脆，所以又称脆锡。

尽管锡这种金属有许多怪特性，但它在日常生活和工业、农业生产中很有用。例如锡被人们称为“制造罐头”的金属。现在世界上每年生产的锡，将近一半用来制造马口铁片，而马口铁片最大的用途是制造罐头。铁皮又容易生锈，最后出现了用马口铁做的罐头。

点评

化学的许多知识与我们的生活都密切相关，这则锡的故事就说明了这个道理。因此，掌握基本的化学知识是必要的，它有利于我们更好地生活。

镜子与水银

说起镜子，也有它的历史。在3 000多年前，我们的祖先就开始使用青铜镜子。历史上杰出的政治家唐太宗李世民有句名言："人以铜为镜，可以正衣冠；以古为镜，可以见兴替；以人为镜，可以知得失。"这里所说的以铜为镜便指的是青铜镜。在描写花木兰替父从军的《木兰辞》里，有一句是："当窗理云鬓，对镜贴花黄。"这镜也是指青铜镜。从青铜镜到玻璃镜，经历了一段漫长而又有趣的历史。

在300多年前，威尼斯是世界玻璃工业的中心。最初威尼斯人用水银制造玻璃镜，这种镜子是在玻璃上紧紧粘一层锡汞剂。威尼斯的镜子轰动了欧洲，成为一种非常时髦的东西。那时候有个法国的皇后结婚，威尼斯献给她一面玻璃镜子作为礼物。虽然这面镜子非常小，也不算精致，在当时却是一种很贵重的贺礼，价值15万法郎。

当时会制造玻璃镜的国家，只有威尼斯，而且制造方法也是保密的。按照他们的法律，不论是谁，如果把制造玻璃镜的秘密泄露出去，就处以死刑。政府还下了命令，把所有的镜子工厂，都搬到木兰诺孤岛上。孤岛处于严密的封锁中，不让人接近。然而，制造水银镜子毕竟太费事了，要整整花一个月工夫，才能做出一面。而且，水银又有毒，镜面又不太亮。后来德国化学家李比希发明了镀银的玻璃镜，它一直沿用至今。一提到镀银，也许你会以为玻璃镜上的这层银是靠电镀镀上去的。实际上根本用不着电，人们利用一种特别有趣的化学反应——银镜反应——镀上去的。银镜反应非常有趣：在洗净的试管里倒进一些硝酸银溶液，再加些氨水和氢氧化钠，最后倒进点葡萄糖溶液。这时候你会看到一种奇怪的现象：原来清澈透明的玻璃试管，忽然变得银光闪闪了。因此，这个反应称为银镜反应。原来葡萄糖是一种具有还原本领的物质，它能把硝酸银里的银离子还原变成金属银，沉淀在玻璃壁上。除了葡萄糖外，工厂里还常用甲醛、氯化亚铁等作为还原剂。为了使镜子耐用，通常在镀银之后，还在后面刷上一层红色的保护漆。这样银层就不易剥落了。原来，镜子背面发亮的东西不是水银，是银。

现在，商店里已有不少镜子是背面镀铝的。铝是银白色亮闪闪的金属，比贵重的银便宜得多。制造铝镜，是在真空中使铝蒸发，铝蒸气凝结在玻璃面上，成为一层薄薄的铝膜，光彩照人。这种铝镜价廉物美，很有前途，说不定在将来的某一天，我们每个人都会用铝镜来映照自己。

点评

真是出乎我们的意料，小小的一面镜子，也有丰富复杂的历史，也在不断地发展变化着！化学真是一件非常奇妙的事情。

可以分解的塑料

现在，塑料成为我们日常生活中必不可少的东西，小到上街拎东西，大到高科技产品的制作，都离不开它。形形色色的塑料制品极大地丰富了人们的生活，但废弃的塑料在自然界里的分解速度很慢，要完全分解得几十年甚至上百年的时间。因而，塑料在改善了人们生活质量的同时也给人类带来了一个恼人的问题——垃圾问题。仅我国，每年就要抛弃几十万吨的废旧塑料。

为了妥善地解决塑料垃圾的难题，化学家正在改变着塑料本身的结构，以便废弃的塑料在不太长的时间里完全分解。目前，可分解的塑料有两种类型：一类是光分解类型，这一类塑料在制造过程中，其高分子链上每隔一定的距离就被添加光敏基团。这样的塑料在人工光线的照射下是安全的、稳定的，但是在太阳光（含有紫外线）的照射下，光敏基团就能吸收足够的能量而使高分子链在此断裂，从而使塑料得以分解。另一类是生物可分解塑料，这一类可分解的塑料是在高分子链上引入一些基团，以便空气、土壤中的微生物能使高分子长链断裂为碎片，进而将其完全分解。目前，这类塑料主要是淀粉基生物可分解塑料。现在，有些化学家正在研制非淀粉基生物可分解塑料。例如，已制成了乳酸基生物可分解塑料、多糖基的天然塑料。乳酸基塑料是以土豆等副食品废料为原料的，这些废料中多糖的含量很高，经过处理后，多糖先转换为葡萄糖，最后变成乳酸，乳酸再经聚合便可制得乳酸基塑料。这种塑料不但成本低而且很容易处理，如可以烧掉（不产生有毒气体）或加以回收再利用（不会对循环制品造成任何污染），当然，若废弃，也很容易被微生物分解。多糖基天然塑料是从一种类似淀粉的化合物中提炼加工而成的，这种化合物就存在于一些天然物质，如玉米、蟹壳中。这种天然塑料可在一个月内分解。

化学家们还制出了生化聚合塑料，这种塑料是天然细菌的末端产品。它们能被土壤里的微生物在短期内分解。

看来，在不久的将来，白色污染将成为迎刃而解的问题。

点评

人类发明的塑料一定会造福人类，为人类做出更大的贡献。青少年要努力学习，将来为人类作贡献。

金属有记忆能力吗

在茫茫无际的太空中，一架美国载人宇宙飞船，徐徐降落在静悄悄的月球上。安装在飞船上的一小团天线，在阳光的照射下迅速展开，伸张成半球状，开始了自己的工作。是宇航员发出的指令，还是什么自动化仪器使它展开的呢？都不是。因为这种天线的材料，本身就具有奇妙的“记忆能力”，在一定温度下，又恢复了原来的形状。

多年来，人们总认为，只有人和某些动物才有“记忆”的能力，非生物是不可能有这种能力的。可是，美国科学家在20世纪50年代初期偶然发现，某些金属及其合金也具有一种所谓“形状记忆”的能力。这种新发现，立即引起许多国家科学家的重视。他们研制出一些形状记忆合金，广泛应用于航天、机械、电子仪表和医疗器械上。

为什么有些合金不“忘记”自己的“原形”呢？原来，这些合金都有一个转变温度，在转变温度之上，它具有一种组织结构，而在转变温度之下，它又具有另一种组织结构。结构不同性能不同，上面提及美国登月宇宙飞船上的自展天线，是用镍钛型合金做成的，它具有形状记忆的能力。这种合金在转变温度之上时，坚硬结实，强度很大；而低于转变温度时，它却十分柔软，易于冷加工。科学家先把这种合金做成所需的大半球形展开天线，然后冷却到一定温度下，使它变软，再施加压力，把它弯曲成一个小球，使之在飞船上只占很小的空间。登上月球后，利用阳光照射的温度，使天线重新展开，恢复到大半球的形状。

点评

一般人总是认为，只有人类和动物才会有记忆，冷冰冰的金属是不会有记忆的。其实，金属并不像我们想象中的那么无知，它们偶尔也会有令人惊喜之处，例如“形状记忆”的能力。

人造金刚石的诞生

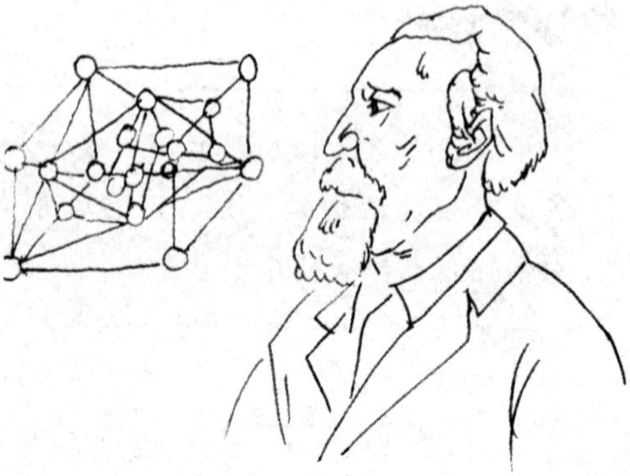

金刚石作为一种稀有的贵重物品，自古以来就是财富的重要象征。金刚石具有独一无二的特性：它是自然界中最硬的一种矿石，从而使它具有广泛的社会用途。可是，金刚石的矿藏量却极少，远远满足不了社会对它的巨大需求。1893年，法国科学院宣布了一条振奋人心的消息：法国化学家莫瓦桑研制出了人造金刚石！片刻间，这一爆炸性的特大喜讯传遍全法国，传遍全世界。

莫瓦桑发明人造金刚石是十分偶然的。

有一次，莫瓦桑准备进行一项化学实验，需要用一种镶有金刚石的特殊器具。这种器具非常昂贵，因此实验室里的助手们倍加爱护。

早上，莫瓦桑来到实验室，做好实验前的准备工作。这时，各项仪器都准备好了，却找不到那镶有金刚石的昂贵器具。奇怪，怎么会突然不见了呢？

助手突然惊叫起来：“啊？门好像被撬过了！莫非有小偷光顾？”原来，小偷是看上那昂贵的金刚石了。

这桩意外使莫瓦桑萌生了一个念头：“天然金刚石如此稀少而昂贵，如果能人工制造金刚石，该有多好！”可这谈何容易！

作为化学家，莫瓦桑心里最清楚：“点石成金”只不过是美好的神话。要想制造金刚石首先要弄清楚金刚石的主要成分，并了解它是怎样形成的。

在翻阅了许多资料之后，莫瓦桑了解到，金刚石的主要成分是碳。至于它是如何形成的，在这方面研究的成果很少，只有德布雷曾提出金刚石是在高温高压下形成的。

紧接着莫瓦桑想到，要人工制造金刚石，得有可供加工的原材料。选什么材料才合适呢？还从未有人做过这方面的尝试，看来，一切要靠自己摸索了。

有一回，有机化学家和矿物学家查理·弗里德尔在法国科学院作了一个关于陨石研究的报告，莫瓦桑也参加了。

在报告中，查理·弗里德尔说："陨石实际上是大铁块，它里面含有极少量的金刚石晶体。"

听到这儿，莫瓦桑猛地想到：石墨矿中也常混有极微量的金刚石晶体，那么，在陨石和石墨矿的形成过程中，是否可以产生金刚石晶体呢？

想到这里，莫瓦桑头脑中出现了制取人造金刚石的设想。他对助手们说：金刚石的主要成分是碳。陨石里含有微量金刚石，而陨石的主要成分是铁。我们的实验计划是：把程序倒过去，把铁熔化，加进碳，使碳处在高温高压状态下，看能不能生成金刚石。

历史上第一次人工制取金刚石的试验开始了。没有先例，没有经验，更没有别人的指点，一切都像在黑暗中探路一样。第一次失败了，认真总结经验，找出问题的症结所在，第二次再来……经过无数次的反复探索，莫瓦桑的实验室里终于爆发出一阵激动的欢呼声，大家紧紧地拥抱在一起：成功了！人造金刚石诞生了。

但是，人造金刚石不仅颗粒小，而且色泽深暗。那时有一颗最大的接近无色的小晶体，其直径还不足 1 毫米。可是人们却把它作为最贵重的珍宝收藏在罗浮宫里，并命名为"摄政王"，使它跟宫里的那颗世界上最大的金刚石——库林南——相媲美。

直到 20 世纪 50 年代中期，化学家本迪等用镍等金属为催化剂，使用 2 000℃和 7×10^9 帕（7 万个大气压）下的设备，才使石墨转化为金刚石的试制成功。美国电气公司、瑞典通用电气公司投入工业生产。此后，美国通用电气公司应用晶种的触媒法，以金刚石粉为碳源溶解于熔融金属铁镍之中，借助反应室中适当的温度梯度，把碳输送到高压釜反应室中温度较低处的金刚石晶种上，并在晶种上沉积出晶层。这种方法在大约 6×10^9 帕（6 万大气压）和 1 500℃温度下，几天之内就长出 0.2 克左右的宝石级优质人造金刚石。在 19 世纪 70 年代，有采用爆炸法生产金刚石。这种方法是利用 TNT 和黑索金等炸药引爆后产生强烈的冲击波和在几微秒的瞬间产生的几十万大气压及高温使石墨转化为金刚石。此外还有气相法、液相外延生长法、气相固相外延生长法、常压高温生产金刚石的。由于天然金刚石不能满足工矿业的需要，人造金刚石的世界年产量逐年都在增长。据统计，1967 年为 2.4 吨，1968 年为 4.4 吨，1969 年已达到 6.0 吨。

点评

人类的智慧总是无穷无尽的，它往往带给我们很多惊喜和收获，人造金刚石的产生就是人类智慧的惊喜之作。它的出现再一次证明了人类智慧的力量。